U0283269

高等职业教育建筑与规划类专业
"十四五"数字化新形态教材

建筑装饰工程施工工作手册

主　编　　　　张　鹏

副主编　孙宏贵　李　健

主　审　张九红　张福栋

中国建筑工业出版社

前　言

本书是中国特色高水平高职学校和专业建设计划"建筑装饰工程技术"高水平专业群立项建设的新形态工作手册式教材，以高等职业教育建筑装饰工程技术专业教学基本要求和住房和城乡建设部颁布的《建筑与市政工程施工现场专业人员职业标准》JGJ/T 250—2011 为依据编写，并依托"双高"专业群建设的标志性成果——国家职业教育建筑装饰工程技术专业教学资源库，建设了微课、动画、视频、虚拟仿真、企业案例等数字化资源。

全书以建筑装饰工程施工现场核心工作任务为逻辑主线，构建了模块化的单元内容，包含施工组织策划、装饰施工技术、施工项目管理，以及施工进度、成本、质量和安全控制等核心知识点和技能点，形成了建筑装饰工程相关法规与标准、建筑装饰材料与构造、建筑装饰施工图识读、建筑装饰工程施工机具与测量、建筑装饰工程施工组织设计、建筑装饰工程施工技术与交底、建筑装饰工程施工项目管理、建筑装饰工程施工进度管理、建筑装饰工程成本管理、建筑装饰工程质量管理、建筑装饰工程环境与职业健康安全管理、建筑装饰工程信息管理十二个模块。

本书在内容编写上按照国家最新的规范标准，通过"任务目标、任务导学、任务实施、任务拓展"等渐进式学习步骤，辅以图文、微课、动画、视频、企业案例讲解学习。"任务目标"融合思政元素，落实立德树人根本任务；"任务导学"前置信息化资源，引发学生思考；"任务实施"开展典型工作任务，培养核心技能；"任务拓展"采用考练结合，打通知识阻塞。本书引用摘录了现行建筑装饰工程施工职业标准与规范，使其具备了工作手册式教材的信息检索和引导功能，方便学生查询建筑装饰工程施工核心工作任务的知识、技能要求。

本书由江苏建筑职业技术学院张鹏主编，负责全书的编写、统稿、修改、定稿，以及信息化资源的制作；天正建筑装饰江苏有限公司孙宏贵、李健担任副主编，负责制作企业案例；东北大学江河建筑学院张九红教授及山东城市建设职业学院张福栋副教授担任了教材的主审。在本工作手册式教材编写过程中，参考了同类文献资料、著作等，引用了部分国家职业标准的知识点和技能点，在此向文献的作者致谢。同时，还要特别感谢国家职业教育建筑装饰工程技术专业教学资源库参建院校和企业。

由于编者水平有限，限于时间仓促和经验不足，书中难免有不妥之处，恳请广大读者批评指正。

编者

目　录

1

模块一
建筑装饰工程相关法规与标准

任务目标

1-1 教学课件：建筑装饰工程法律体系

学习目标： 了解建设法规的分类；熟悉建设工程法律之间的关系；理解建设法规所要求的权利、责任、义务；掌握建设法规所要求的流程、资料、要求；掌握建筑装饰工程相关规范标准。

素质目标： 本模块内容将培养学生遵纪守法、遵守国家和行业规范的职业道德品质。通过对建筑装饰相关法规的学习，使学生具备应有的建设工程法规认知理解，树立法律权威意识和敬畏精神，明确遵纪守法的基本要求。培养学生树立起建筑大局意识，能够运用所学知识对涉及建设工程的各方面进行科学合理的分析，能够根据项目现场实际，做出合法合规的建筑装饰设计、施工等方案。

1-2 教学课件：合同订立

1-3 教学课件：合同法律责任

任务导学

扫描二维码 1-1~ 二维码 1-4 观看教学课件和企业案例：建筑装饰工程法律体系、合同订立、合同法律责任、某楼群维修改造工程投标文件案例，观看后思考以下问题：

1. 建筑装饰工程法律体系内容有哪些？
2. 劳动合同的形式有哪些？
3. 什么是劳动合同违约责任？

1-4 某楼群维修改造工程投标文件案例

任务实施

任务 1.1　了解相关建设法规

建设法规是指国家立法机关或其授权的行政机关制定的旨在调整国家及其有关机构、企事业单位、社会团体、公民之间，在建设活动中或建设行政管理活动中发生的各种社会关系的法律、法规的统称。它体现了国家对城市建设、乡村建设、市政及社会公用事业等各项建设活动进行组织、管理、协调的方针、政策和基本原则。我国建设法规体系由以下五个层次组成。

建设法律是指由全国人民代表大会及其常务委员会制定通过，由国家主席以主席令的形式发布的属于国务院建设行政主管部门业务范围的各项法律，如《中华人民共和国建筑法》。

建设行政法规是指由国务院制定，经国务院常务委员会审议通过，由国务院总理以中华人民共和国国务院令的形式发布的属于建设行政主管部门主管业务范围的各项法规。建设行政法规的名称常以"条例""办法""规定""规章"等名称出现，如《建设工程质量管理条例》《建设工程安全生产管理条例》等。

建设部门规章是指住房和城乡建设部根据国务院规定的职责范围，依法制定并颁布的各项规章或由住房和城乡建设部与国务院其他有关部门联合制定并发布的规章，如《实施工程建设强制性标准监督规定》《工程建设项目施工招标投标办法》等。

地方性建设法规是指在不与宪法、法律、行政法规相抵触的前提下，由省、自治区、直辖市人民代表大会及其常务委员会结合本地区实际情况制定颁布发行的或经其批准颁布发行的由下级人大或其常委会制定的、只在本行政区域有效的建设方面的法规。

地方建设规章是指省、自治区、直辖市人民政府以及省会（自治区首府）城市和经国务院批准的较大城市的人民政府，根据法律和法规制定颁布的、只在本行政区域有效的建设方面的规章。

在建设法规的上述五个层次中，其法律效力从高到低依次为建设法律、建设行政法规、建设部门规章、地方性建设法规、地方建设规章。法律效力高的称为上位法，法律效力低的称为下位法。下位法不得与上位法相抵触，否则其相应规定将被视为无效。

1.《中华人民共和国建筑法》

《中华人民共和国建筑法》（以下简称《建筑法》）由中华人民共和国第八届全国人民代表大会常务委员会第二十八次会议于 1997 年 11 月 1 日通过，自 1998 年 3 月 1 日起施行。2011 年 4 月 22 日，中华人民共和国第十一届全国人民代表大会常务委员会第二十次会议通过了《全国人民代表大会常务委员会关于修改〈中华人民共和国建筑法〉的决定》，修改后的《建筑法》自 2011 年 7 月 1 日起施行。2019 年 4 月 23 日，中华人民共和国第十三届全国人民代表大会常务委员会第十次会议通过了《全国人民代表大会常务委员会关于修改〈中华人民共和国建筑法〉等八部法律的决定》，修改条款自决定公布之日起施行。

《建筑法》的立法目的在于加强对建筑活动的监督管理，维护建筑市场秩序，保证建筑工程的质量和安全，促进建筑业健康发展。《建筑法》共 8 章 85 条，分别从建筑许可、建筑工程发包与承包、建筑工程监理、建筑安全生产管理、建筑工程质量管理等方面做出了规定。

2.《中华人民共和国安全生产法》

《中华人民共和国安全生产法》（以下简称《安全生产法》）由中华人民共和国第九届全国人民代表大会常务委员会第二十八次会议于 2002 年 6 月 29 日通过，自 2002 年 11 月 1 日起施行。根据 2014 年 8 月 31 日第十二届全国人民代表大会常务委员会第十次会议《全国人民代表大会常务委员会关于修改〈中华人民共和国安全生产法〉的决定》修正，修正后的《安全生产法》自 2014 年 12 月 1 日起施行。2021 年 6 月 10 日，中华人民共和国第十三届全国人民代表大会常务委员会第二十九次会议通过了《全国人民代表大会常务委员会关于修改〈中华人民共和国安全生产法〉的决定》，该决定自 2021 年 9 月 1 日起施行。

《安全生产法》的立法目的，是加强安全生产工作，防止和减少生产安全事故，保障人民群众生命和财产安全，促进经济社会持续健康发展。《安全生产法》包括总则、生产经营单位的安全生产保障、从业人员的安全生产权利义务、安全生产的监督管理、生产安全事故的应急救援与调查处理、法律责任、附则共 7 章，119 条。对生产经营单位的安全生产保障、从业人员的安全生产权利和义务、安全生产的监督管理、生产安全事故的应急救援与调查处理四个主要方面做出了规定。

3.《建设工程安全生产管理条例》《建设工程质量管理条例》

《建设工程安全生产管理条例》（以下简称《安全生产管理条例》）于2003年11月12日国务院第二十八次常务会议通过，自2004年2月1日起施行。《安全生产管理条例》包括总则，建设单位的安全责任，勘察、设计、工程监理及其他有关单位的安全责任，施工单位的安全责任，监督管理，生产安全事故的应急救援和调查处理，法律责任，附则，共8章、71条。

《安全生产管理条例》的立法目的，是加强建设工程安全生产监督管理，保障人民群众生命和财产安全。

《建设工程质量管理条例》（以下简称《质量管理条例》）于2000年1月10日国务院第二十五次常务会议通过，自2000年1月30日起施行。《质量管理条例》包括总则，建设单位的质量责任和义务，勘察、设计单位的质量责任和义务，施工单位的质量责任和义务，工程监理单位的质量责任和义务，建设工程质量保修，监督管理，罚则，附则，共9章、82条。

《质量管理条例》的立法目的，是加强对建设工程质量的管理，保证建设工程质量，保护人民生命和财产安全。

4.《中华人民共和国劳动法》《中华人民共和国劳动合同法》

《中华人民共和国劳动法》（以下简称《劳动法》）于1994年7月5日中华人民共和国第八届全国人民代表大会常务委员会第八次会议通过，自1995年1月1日起施行。2009年8月27日，第十一届全国人民代表大会常务委员会第十次会议通过了《全国人民代表大会常务委员会关于修改部分法律的决定》，修正部分内容，决定自公布之日起施行。2018年12月29日，第十三届全国人民代表大会常务委员会第七次会议通过了《全国人民代表大会常务委员会关于修改〈中华人民共和国劳动法〉等七部法律的决定》，修改部分内容，决定自公布之日起施行。《劳动法》分为总则、促进就业、劳动合同和集体合同、工作时间和休息休假、工资、劳动安全卫生、女职工和未成年工特殊保护、职业培训、社会保险和福利、劳动争议、监督检查、法律责任、附则，共13章、107条。

《劳动法》的立法目的是保护劳动者的合法权益，调整劳动关系，建立和维护适应社会主义市场经济的劳动制度，促进经济发展和社会进步。

《中华人民共和国劳动合同法》（以下简称《劳动合同法》）于2007年6月29日中华人民共和国第十届全国人民代表大会常务委员会第二十八次会议通过，自2008年1月1日起施行。2012年12月28日第十一届全国人民代表大会常务委员会第三十次会议通过了《全国人民代表大会常务委员会关于修改〈中华人民共和国劳动合同法〉的决定》，修改后的《劳动合同法》自2013年7月1日起施行。《劳动合同法》包括总则、劳动合同的订立、劳动合同的履行和变更、劳动合同的解除和终止、特别规定、监督检查、法律责任、附则，共8章、98条。

《劳动合同法》的立法目的是完善劳动合同制度，明确劳动合同双方当事人的权利和义务，保护劳动者的合法权益，构建和发展和谐稳定的劳动关系。《劳动合同法》在《劳动法》的基础上，对劳动合同的订立、履行、终止等内容做出了更为详尽的规定。

任务 1.2　熟悉建筑装饰工程相关规范标准

建筑装饰工程施工作业人员安全生产权利和义务的有关规定：作业人员有权对施工现场的作业条件、作业程序和作业方式中存在的安全问题提出批评、检举和控告；有权对不安全作业提出整改意见；有权拒绝违章指挥和强令冒险作业；在施工中发生危及人身安全的紧急情况时，作业人员有权立即停止作业或者在采取必要的应急措施后撤离危险区域。作业人员应当遵守安全施工的强制性标准、规章制度和操作规程。正确使用安全防护用具、机械设备等。进场前应当接受安全生产教育培训，合格后方准上岗。其建筑装饰工程施工相关规范标准及管理办法，见表 1-1。

建筑装饰工程施工相关规范标准及管理办法　　　　　　　　　表 1-1

序号	标准名称／标准号
1	《建筑内部装修设计防火规范》GB 50222—2017
2	《建筑地面工程施工质量验收规范》GB 50209—2010
3	《建筑施工安全技术统一规范》GB 50870—2013
4	《建筑施工组织设计规范》GB/T 50502—2009
5	《建设工程项目管理规范》GB/T 50326—2017
6	《建设工程施工现场供用电安全规范》GB 50194—2014
7	《建设工程文件归档规范》(2019 年版) GB/T 50328—2014
8	《民用建筑工程室内环境污染控制标准》GB 50325—2020
9	《建筑施工工具式脚手架安全技术规范》JGJ 202—2010
10	《住宅室内装饰装修管理办法》

注：相关规范标准，请自行查询使用。

1. 建筑装饰管理规定

建筑装饰工程专业承包企业资质分为一级、二级。

一级资质标准：

(1) 企业资产

净资产 1500 万元以上。

(2) 企业主要人员

1) 建筑工程专业一级注册建造师不少于 5 人。

2) 技术负责人具有 10 年以上从事工程施工技术管理工作经历，且具有工程序列高级职称或建筑工程专业一级注册建造师（或一级注册建筑师或一级注册结构工程师）执业资格；建筑美术设计、结构、暖通、给水排水、电气等专业中级以上职称人员不少于 10 人。

3) 持有岗位证书的施工现场管理人员不少于 30 人，且施工员、质量员、安全员、材料员、造价员、劳务员、资料员等人员齐全。

4）经考核或培训合格的木工、砌筑工、镶贴工、油漆工、石作业工、水电工等中级工以上技术工人不少于 30 人。

（3）企业工程业绩

近 5 年承担过单项合同额 1500 万元以上的装修装饰工程 2 项，工程质量合格。

二级资质标准：

（1）企业资产

净资产 200 万元以上。

（2）企业主要人员

1）建筑工程专业注册建造师不少于 3 人。

2）技术负责人具有 8 年以上从事工程施工技术管理工作经历，且具有工程序列中级以上职称或建筑工程专业注册建造师（或注册建筑师或注册结构工程师）执业资格；建筑美术设计、结构、暖通、给水排水、电气等专业中级以上职称人员不少于 5 人。

3）持有岗位证书的施工现场管理人员不少于 10 人，且施工员、质量员、安全员、材料员、造价员、劳务员、资料员等人员齐全。

4）经考核或培训合格的木工、砌筑工、镶贴工、油漆工、石作业工、水电工等专业技术工人不少于 15 人。

5）技术负责人（或注册建造师）主持完成过本类别工程业绩不少于 2 项。

承包工程范围：

一级资质：可承担各类建筑装修装饰工程，以及与装修工程直接配套的其他工程的施工。

二级资质：可承担单项合同额 2000 万元以下的建筑装修装饰工程，以及与装修工程直接配套的其他工程的施工。

2.《建筑工程施工质量验收统一标准》GB 50300—2013

《建筑工程施工质量验收统一标准》GB 50300—2013 中关于建筑工程质量验收的划分、合格判定以及质量验收的程序和组织的要求如下。

（1）建筑装饰工程分部工程子分部工程及其分项工程的划分（表 1-2）

（2）验收的程序和组织

1）分部工程的划分可按专业性质、工程部位确定。

2）当分部工程较大或较复杂时，可按材料种类、施工特点、施工程序、专业系统及类别等划分为若干子分部工程。

在建筑工程的分部工程中，将原建筑电气安装分部项目中的强电和弱电部分独立出来各为一个分部工程，称其为建筑电气分部和智能建筑（弱电）分部。分项工程可按主要工种、材料、施工工艺、设备类别等进行划分。

分项工程可由一个或若干检验批组成，检验批可根据施工、质量控制和专业验收需要按楼层、施工段、变形缝等进行划分。

检验批应由专业监理工程师组织施工单位项目专业质量检查员、专业工长等进行验收。分项

建筑装饰工程分部工程子分部工程及其分项工程的划分 　　　　表 1-2

分部工程	子分部工程	分项工程
建筑装饰装修	建筑地面	基层铺设，整体面层铺设，板块面层铺设，木、竹面层铺设
	抹灰	一般抹灰，保温层薄抹灰，装饰抹灰，清水砌体勾缝
	外墙防水	外墙砂浆防水，涂膜防水，透气膜防水
	门窗	木门窗安装，金属门窗安装，塑料门窗安装，特种门安装，门窗玻璃安装
	吊顶	整体面层吊顶，板块面层吊顶，格栅吊顶
	轻质隔墙	板材隔墙，骨架隔墙，活动隔墙，玻璃隔墙
	饰面板	石板安装，陶瓷板安装，木板安装，金属板安装，塑料板安装
	饰面砖	外墙饰面砖粘贴，内墙饰面砖粘贴
	幕墙	玻璃幕墙安装，金属幕墙安装，石材幕墙安装，陶板幕墙安装
	涂饰	水性涂料涂饰，溶剂型涂料涂饰，美术涂饰
	裱糊与软包	裱糊，软包
	细部	橱柜制作与安装，窗帘盒和窗台板制作与安装，门窗套制作与安装，护栏和扶手制作与安装，花饰制作与安装

工程应由专业监理工程师组织施工单位项目专业技术负责人等进行验收。分部工程应由总监理工程师组织施工单位项目负责人和项目技术负责人等进行验收。勘察、设计单位项目负责人和施工单位技术、质量部门负责人应参加地基与基础分部工程的验收。设计单位项目负责人和施工单位技术、质量部门负责人应参加主体结构、节能分部工程的验收。

单位工程中的分包工程完工后，分包单位应对所承包的工程项目进行自检，并应按本标准规定的程序进行验收。验收时，总包单位应派人参加。分包单位应将所分包工程的质量控制资料整理完整，并移交给总包单位。单位工程完工后，施工单位应组织有关人员进行自检。总监理工程师应组织各专业监理工程师对工程质量进行竣工预验收。存在施工质量问题时，应由施工单位整改。整改完毕后，由施工单位向建设单位提交工程竣工报告，申请工程竣工验收。建设单位收到工程竣工报告后，应由建设单位项目负责人组织监理、施工、设计、勘察等单位项目负责人进行单位工程验收。

任务拓展

课堂训练

1. 在我国建设法规的五个层次中，法律效力的层级是上位法高于下位法，具体表现为_____、_____、_____、_____、_____。

2. 建筑业企业资质，是指建筑业企业的_____、_____、_____、_____等的总称。

3.《劳动合同法》规定，有下列情形之一的：＿＿＿＿＿＿＿＿＿＿＿、＿＿＿＿＿＿＿＿＿＿＿、

＿＿＿＿＿＿＿＿＿＿＿、＿＿＿＿＿＿＿＿＿＿＿、＿＿＿＿＿＿＿＿＿＿＿、

＿＿＿＿＿＿＿＿＿＿＿，劳动合同终止。

4. 对于未办理报建和质量安全监督手续的装饰装修工程，有关部门不得为建设单位办理＿＿＿＿＿＿＿＿＿＿＿和＿＿＿＿＿＿＿＿＿＿＿。

5.＿＿＿＿＿＿＿＿＿＿＿企业可承担各类建筑室内、室外装饰工程（建筑幕墙工程除外）的施工。

扫一扫，查答案（二维码 1-5）

1-5 模块一 课堂训练答案及解析

学习思考

1. 从事建筑活动的施工企业应具备哪些条件？

2.《建筑法》对从事建筑活动的专业技术人员有什么要求？

3. 建筑装饰工程施工质量应符合哪些常用的工程质量标准的要求？

4.《安全生产法》对施工生产企业安全生产管理人员的配备有哪些要求？

1-6 某别墅一层室内装饰
装修工程项目案例

知识链接

企业案例：某别墅一层室内装饰装修工程项目案例，扫一扫二维码 1-6。

2

模块二
建筑装饰材料与构造

任务目标

学习目标：了解常用建筑装饰材料的性能、特点；熟悉常用建筑装饰材料的分类；掌握各种墙面、顶面、地面、门窗、木制品等材料的性能、特点、规格尺寸；掌握建筑装饰工程各分部的构造做法并能绘制构造图；理解民用建筑室内墙面、顶面、地面、门窗的基本构造、建筑室外构造。

素质目标：本模块内容将培养学生树立环保节约、绿色发展理念。通过对绿色建筑装饰材料和建筑节能构造的学习，帮助学生树立绿色发展理念，培养学生责任感和认同感的同时，为碳中和、碳达峰贡献一份力量。

2-1 教学课件：天然大理石石材

2-2 教学课件：生态木

2-3 教学课件：软包构造做法

任务导学

扫描二维码 2-1~ 二维码 2-4 观看教学课件和企业案例：天然大理石石材、生态木、软包构造做法、某外墙真石漆工程施工组织设计案例，观看后思考以下问题：

1. 新型装饰材料有哪些？
2. 建筑装饰工程常用构造有哪些？

2-4 某外墙真石漆工程施工组织设计案例

任务实施

任务 2.1　熟悉建筑装饰材料

建筑装饰材料是土木工程材料的一个分支，属于建筑功能材料，又称为饰面材料。其主要功能是装饰建筑物，同时还兼顾对建筑物的保护作用。它在整个建筑材料中占有重要的地位。一般在普通建筑中，装饰材料的费用占其总建筑材料成本的 50% 左右；在豪华型建筑中，装饰材料的费用占到 70% 以上。

装饰材料品种繁多，常见的分类方法有以下几种：按材料的材质，装饰材料可分为无机材料、有机材料和有机－无机复合材料。无机材料主要为石材、陶瓷、玻璃、不锈钢、铝型材、水泥等装饰材料；有机材料主要为建筑塑料、有机涂料等装饰材料；有机－无机复合材料主要有人造大理石、彩色涂层钢板、铝塑板、真石漆等装饰材料。按材料在建筑物中的装饰部位，装饰材料可分为外墙装饰材料、内墙装饰材料、地面装饰材料、顶棚装饰材料、屋面装饰材料等。表 2-1 为建筑装饰材料类型与特点。表 2-2 为建筑装饰工程相关新材料。

建筑装饰材料类型与特点　　　　　　　　　　　　表 2-1

类型	特点	二维码
无机胶凝材料	胶凝材料也称为胶结材料，是将块状、颗粒状或纤维状材料粘结为整体的材料。建筑上使用的胶凝材料，按照化学成分的不同可分为有机和无机两大类。无机胶凝材料也称矿物胶凝材料，其主要成分是无机化合物，如水泥、石膏、石灰等均属无机胶凝材料。有机胶凝材料以高分子化合物为基本成分，如沥青、树脂等均属有机胶凝材料	2-5 建筑石膏
建筑装饰石材	天然石材包括大理石和花岗石。建筑装饰工程上所指的大理石是指具有装饰功能，可以磨平、抛光的各种碳酸盐岩和与其有关的变质岩，如大理岩、石灰岩、白云岩等。从大理石矿体开采出来的天然大理石块经锯切、磨光等加工后称为大理石。建筑装饰工程上所指的花岗石是以花岗岩为代表的一类装饰石材，包括各类以石英、长石为主要组成矿物，并含有少量云母和暗色矿物的岩浆岩和花岗质的变质岩，如花岗岩、辉绿岩、玄武岩等	2-6 石材
建筑装饰木质材料	木材是人类最早使用的建筑材料之一，至今在建筑中仍有广泛的应用。建筑工程中直接使用的木材常有 3 种形式：即原木、板材和枋材。原木是指去皮、根、枝梢后按规定直径加工成一定长度的木料；板材和枋材通称为锯材，板材是指截面宽度为厚度的 3 倍或 3 倍以上的木料；枋材是指截面宽度不足厚度 3 倍的木料	2-7 木材
建筑装饰金属材料	钢材作为金属材料的一种是铁元素和碳元素的合金，是由铁矿石经过冶炼得到铁，再进一步冶炼后得到钢。钢材普遍具有品质均匀、强度高、抗压、抗拉、抗冲击和耐疲劳等特性和一定的塑性、韧性等优点，以及可焊接、铆接或螺栓连接，可切割和弯曲等易于加工的性能，但防腐、防火性能差，如加热至 600℃ 左右时，强度几乎丧失，所以未经防锈、防火处理的钢构件要进行处理	2-8 金属材料
建筑陶瓷与玻璃	陶瓷制品源远流长，自古以来就作为建筑物的优良装饰材料之一。按陶瓷制品的烧结程度，可分为陶质、瓷质和炻质三大类。建筑陶瓷制品最常用的有陶瓷砖、陶瓷马赛克、琉璃制品和卫生陶瓷。 建筑玻璃是以石英砂、纯碱、长石和石灰石等为主要原料，经熔融、成型、冷却固化而成的非结晶无机材料。根据功能可将玻璃分为普通玻璃、防水玻璃、安全玻璃、镜面玻璃、热反射玻璃、低辐射玻璃等	2-9 安全玻璃
建筑涂料与塑料制品	建筑涂料是一种能够均匀涂布于建筑物的表面，并形成一层牢固附着、有一定防护和装饰作用的连续膜状涂装材料。涂料种类繁多，按主要成膜物质的性质可分为有机涂料、无机涂料和有机－无机复合涂料三大类；按分散介质种类分为溶剂型、水溶型和乳液型三类；按使用部位分为外墙涂料、内墙涂料和地面涂料等	2-10 建筑涂料

建筑装饰工程相关新材料   表 2-2

序号	材料名称	二维码
1	陶板	2-11 陶板
2	木质吸声板	2-12 木质吸声板
3	木丝吸声板	2-13 木丝吸声板
4	蜂窝石材	2-14 蜂窝石材

续表

序号	材料名称	二维码
5	 防水涂料	2-15 防水涂料
6	 防火玻璃	2-16 防火玻璃
7	 低辐射镀膜玻璃	2-17 低辐射镀膜玻璃
8	 PU 高分子装饰线条	2-18 PU 高分子装饰线条

续表

序号	材料名称	二维码
9	 GRG 材料	2-19 GRG 材料

任务 2.2　掌握建筑装饰构造

建筑装饰构造包含建筑的基本构造、室内地面的装饰构造、室内墙面的装饰构造、室内顶棚的装饰构造、常用门窗的构造、建筑室外装饰构造。表 2-3 为建筑装饰构造类型与特点。表 2-4 为建筑装饰工程相关构造节点。

建筑装饰构造类型与特点　　　　　　　　　　　　　　　　　　　　表 2-3

类型	特点
建筑装饰基本构造	建筑通常由基础、墙体（柱）、屋顶、门与窗、地坪、楼板层、楼梯七个主要构造部分组成。建筑除了上述的主要构造组成部分之外，还有其他次要构造，如阳台、雨篷、台阶、散水、通风道等。它们的作用虽然没有主要构造重要，但是对建筑的正常使用，特别是舒适性有相当的影响，也必须给予足够的重视。幕墙是现代公共建筑经常采用的一种墙体形式，一般是用金属骨架把各种板材悬挂在建筑主体结构的外侧，有时也可以直接作为建筑的围护结构。幕墙主要是根据墙面材料的不同分类，目前主要分为玻璃幕墙、石材幕墙和金属幕墙三种类型，其中玻璃幕墙是采用较多的一种
建筑室内地面的装饰构造	整体地面是用现场浇筑或涂抹的施工方法做成的地面。常见的有水泥砂浆地面和水磨石地面。块材地面是指利用各种块材铺贴而成的地面，按面层材料不同有陶瓷类板材地面、石材地面和木板地面。石材地面的构造做法是在垫层上先用 20~30mm 厚的 1∶3~1∶4 干硬性水泥砂浆找平，再用 5~10mm 厚 1∶1 水泥砂浆铺贴石材，并用干粉水泥或水泥浆擦缝
建筑室内墙面的装饰构造	建筑室内墙面按材料和施工方法不同分为抹灰类、贴面类、涂料类、裱糊类和铺钉类。抹灰类墙面在施工时一般要分层操作，一般分底层抹灰和面层两遍抹灰成活。贴面类装修是目前用得最多的一种墙面装饰做法，包括粘贴、绑扎、悬挂等工艺。它具有耐久性好、装饰效果好、容易养护及清理等优点。常用的贴面材料有花岗石和大理石等天然石板、面砖、瓷砖等
建筑室内顶棚的装饰构造	顶棚的装饰构造要求满足装饰和空间的要求，有可靠的技术性能，具有良好的物理功能，提供设备空间等。直接顶棚是指在主体结构层（楼板或屋面板）下表面直接进行装饰处理的顶棚，它构造简单、节省空间。悬吊顶棚具有装饰效果好、多样化，可以改善室内空间比例，适应视听要求较高的厅堂要求，以及方便布置设备管线的优点，在室内装饰要求较高的建筑中广泛应用。它可以分为轻钢龙骨吊顶、矿棉吸声吊顶、金属方板吊顶、开敞式吊顶等。主要组成部分有吊杆、龙骨、饰面板等

类型	特点
建筑常用门窗的构造	门窗在一定程度上左右着建筑立面风格，反映建筑的时代和档次，门窗的尺寸、比例很重要，同时门窗的框料和镶嵌材料的种类、色彩、质感对建筑立面效果影响很大
建筑室外装饰构造	外墙面是外立面的重要组成部分，建筑外观的总体效果由墙面效果体现。在外墙面处理时，主要关注墙面材料的质感、色彩和组合方式，墙面的线脚以及施工工艺效果。檐口是墙面的最上端组成部分，它的位置比较显眼，而且与屋顶关系密切；勒角靠近地面，与人们的日常活动的距离最近，它也是装饰的重点部位

建筑装饰工程相关构造节点 表2-4

序号	装饰构造名称	二维码
1	玻璃栏杆构造	2-20 玻璃栏杆构造
2	窗台板构造	2-21 窗台板构造
3	木龙骨干挂饰面墙面构造	2-22 木龙骨干挂饰面墙面构造

序号	装饰构造名称	二维码
4	 木门构造	2-23 木门构造
5	 轻钢龙骨干挂饰面墙面构造	2-24 轻钢龙骨干挂饰面墙面构造
6	 软硬包与乳胶漆的构造	2-25 软硬包与乳胶漆的构造
7	 石材隔墙的构造	2-26 石材隔墙的构造

序号	装饰构造名称	二维码
8	石材与乳胶漆相接构造	2-27 石材与乳胶漆相接构造
9	陶瓷马赛克隔墙的构造	2-28 陶瓷马赛克隔墙的构造
10	硬包背景构造	2-29 硬包背景构造

任务拓展

课堂训练

1. 砂浆流动性是指砂浆在自重或外力作用下产生流动的性能，其大小用_____表示。

2. 根据所用胶凝材料的不同，建筑砂浆可分为_____、_____、_____等。

3. 水硬性胶凝材料既能在空气中硬化，也能在水中凝结、硬化、保持和发展强度，既适用于_____，又适用于_____与_____。

4. 水泥砂浆_____、_____和_____好，但其流动性和保水性差，施工相对难，常用于地下结构或经常受水侵蚀的砌体部位。

5. 水泥按其用途和性能可分为_____、_____，以及_____。

扫一扫，查答案（二维码2-30）

2-30模块二　课堂训练答案及解析

学习思考

1. 无机胶凝材料是如何分类的？

2. 通用水泥分哪几类品种？

3. 内墙涂料的主要品种有哪些？

4. 常用建筑节能材料种类有哪些？

2-31 某家居室内装饰设计项目案例

知识链接

企业案例：某家居室内装饰设计项目案例，扫一扫二维码2-31。

3

模块三
建筑装饰施工图识读

任务目标

学习目标：了解建筑装饰施工图的组成；熟悉建筑装饰施工图的形成、种类、作用；熟悉建筑装饰施工图与建筑施工图的关系；掌握建筑装饰施工图的内容、相关要求；掌握正确识读建筑装饰施工图的方法；能够正确识读建筑装饰工程施工图，参与图纸会审设计变更，实施设计交底。

素质目标：本模块内容将培养学生严谨的工作态度和团队协作、吃苦耐劳、精益求精的工匠精神。通过对建筑装饰施工图识图内容的学习，使学生具备一定的自主学习、独立分析问题的能力，培养能够根据建筑装饰工程设计构思、施工单位对图纸的要求，按照一般审核程序进行施工图审核的能力。

3-1 微课视频：方案设计图纸的内容

3-2 微课视频：装饰方案设计文件的识读方法

3-3 微课视频：装饰方案设计文件识读

3-4 微课视频：建筑装饰施工图会审

任务导学

扫描二维码 3-1~ 二维码 3-5 观看微课视频和企业案例：方案设计图纸的内容、装饰方案设计文件的识读方法、装饰方案设计文件识读、建筑装饰施工图会审、某综合楼幕墙工程施工组织项目案例，观看后思考以下问题：

1. 如何识读建筑施工图？
2. 建筑装饰施工图图示内容有哪些？
3. 如何识读建筑装饰施工图？
4. 如何进行图纸会审？

3-5 某综合楼幕墙工程施工组织项目案例

任务实施

任务 3.1　建筑施工图识读方法

建筑施工图由以下几部分组成：设计总说明、总平面图、各层平面图、立面图、剖面图、节点详图、门窗表、装修表等。下面主要讲解平面图、立面图、剖面图和详图知识要点。

1. 建筑施工图图示方法与内容

（1）图示方法主要包括：

1）文字说明；

2）平面图；

3）立面图；

4）剖面图，必要时加附透视图；

5）表列汇总等。

（2）图示内容主要包括：

1）房屋平面尺寸及其各功能分区的尺寸及面积；

2）各组成部分的详细构造要求；

3）各组成部分所用材料的限定；

4）建筑重要性分级及防火等级的确定；

5）协调结构、水、电、暖、卫和设备安装的有关规定等。

3-6 动画演示：建筑施工图的形成

动画演示：建筑施工图的形成，扫一扫二维码 3-6。

2. 建筑平面图的识读

建筑平面图，简称平面图，实际上是一幢房屋的水平剖面图。它是假想用一水平剖面将房屋沿门窗洞口剖开，移去上部分，剖面以下部分的水平投影图就是平面图。

平面图识读要点：

1）熟悉建筑配件图例、图名、图号、比例及文字说明。

2）定位轴线。所谓定位轴线是表示建筑物主要结构或构件位置的点划线。凡是承重墙、柱、梁、屋架等主要承重构件都应画上轴线，并编上轴线号，以确定其位置；对于次要的墙、柱等承重构件，则编附加轴线号确定其位置。

3）房屋平面布置，包括平面形状、朝向、出入口、房间、走廊、门厅、楼梯间等的布置组合情况。

4）阅读各类尺寸。图中标注房屋总长及总宽尺寸，各房间开间、进深、细部尺寸和室内外地面标高。阅读时应依次查阅总长和总宽尺寸，轴线间尺寸，门窗洞口和窗间墙尺寸，外部及内部局（细）部尺寸和高度尺寸（标高）。

5）门窗的类型、数量、位置及开启方向。

6）墙体、（构造）柱的材料、尺寸。涂黑的小方块表示构造柱的位置。

7）阅读剖切符号和索引符号的位置和数量。

3. 建筑立面图的识读

建筑立面图，简称立面图，就是对房屋的前后左右各个方向所做的正投影图。对于简单的对称式房屋，立面图可只绘一半，但应画出对称轴线和对称符号。

立面图识读要点：

1）了解立面图的朝向及外貌特征。如房屋层数，阳台、门窗的位置和形式，雨水管、水箱的位置以及屋顶隔热层的形式等。

2）外墙面装饰做法。

3）各部位标高尺寸。找出图中标示室外地坪、勒脚、窗台、门窗顶及檐口等处的标高。

4. 建筑剖面图的识读

建筑剖面图，简称剖面图，一般是指建筑物的垂直剖面图，且多为横向剖切形式。

剖面图识读要点：

1）熟悉建筑材料图例。

2）了解剖切位置、投影方向和比例。注意图名及轴线编号应与底层平面图相对应。

3）分层、楼梯分段与分级情况。

4）标高及竖向尺寸。图中的主要标高有：室内外地坪、入口处、各楼层、楼梯休息平台、窗台、檐口、雨篷底等；主要尺寸有：房屋进深、窗高度、上下窗间墙高度、阳台高度等。

5）主要构件间的关系，图中各楼板、屋面板及平台板均搁置在砖墙上，并设有圈梁和过梁。

6）屋顶、楼面、地面的构造层次和做法。

5. 建筑详图的识读

建筑详图是把房屋的某些细部构造及构配件用较大的比例（如 1：20，1：10，1：5 等）将其形状、大小、材料和做法详细表达出来的图样，简称详图或大样图、节点图。常用的详图一般有：墙身详图、楼梯详图、门窗详图、厨房、卫生间、浴室、壁橱及装修详图（吊顶、墙裙、贴面）等。

（1）外墙身详图识读要点

1）±0.000 或防潮层以下的砖墙以结构基础图为施工依据，看墙身剖面图时，必须与基础图配合，并注意 ±0.000 处的搭接关系及防潮层的做法。

2）屋面、地面、散水、勒脚等的做法、尺寸应和材料做法对照。

3）要注意建筑标高和结构标高的关系。建筑标高一般是指地面或楼面装修完成后上表面的标高，结构标高主要指结构构件的下皮或上皮标高。在预制楼板结构楼层剖面图中，一般只注明楼板的下皮标高。在建筑墙身剖面图中只注明建筑标高。

（2）楼梯详图识读要点

楼梯是房屋中比较复杂的构造，目前多采用预制或现浇。楼梯详图一般包括平面图、剖面图及踏步栏杆详图等。它们表示出楼梯的形式，踏步、平台、栏杆的构造、尺寸、材料和做法。楼梯详图分为建筑详图与结构详图，并分别绘制。对于比较简单的楼梯，建筑详图和结构详图可以合并绘制，编入建筑施工图和结构施工图。楼梯由楼梯段、休息平台和栏板（或栏杆）等组成。

1）楼梯平面图

一般每一层楼都要画一张楼梯平面图。三层以上的房屋，若中间各层的楼梯位置及其梯段数、踏步数和大小相同时，通常只画底层、中间层和顶层三个平面图。楼梯平面图实际是各层楼梯的水平剖面图，水平剖切位置应在每层上行梯段及门窗洞口的任一位置处。各层（除顶层外）被剖到的梯段，按"国标"规定，均在平面图中以一根 45° 折断线表示。在各层楼梯平面图中应标注该楼梯间的轴线及编号，以确定其在建筑平面图中的位置。底层楼梯平面图还

应注明楼梯剖面图的剖切符号。平面图中要注出楼梯间的开间和进深尺寸、楼地面和平台面的标高及各细部的详细尺寸。通常把梯段长度尺寸与踏面数、踏面宽的尺寸合写在一起。

3-7 动画演示：楼梯平面图的形成

🖥 动画演示：楼梯平面图的形成，扫一扫二维码 3-7。

2）楼梯剖面图

假想用一铅垂平面通过各层的一个梯段和门窗洞将楼梯剖开，向另一未剖到的梯段方向投影，所得到的剖面图，即为楼梯剖面图。楼梯剖面图表达出房屋的层数，楼梯梯段数，步级数以及楼梯形式，楼地面、平台的构造及与墙身的连接等。若楼梯间的屋面没有特殊之处，一般可不画。楼梯剖面图中还应标注地面、平台面、楼面等处的标高和梯段、楼层、门窗洞口的高度尺寸。楼梯高度尺寸注法与平面图梯段长度注法相同。楼梯剖面图中也应标注承重结构的定位轴线及编号。对需画详图的部位注出详图索引符号。

3-8动画演示：楼梯剖面图的形成

3）节点详图。楼梯节点详图主要表示栏杆、扶手和踏步的细部构造。

🖳 动画演示：楼梯剖面图的形成，扫一扫二维码3-8。

任务 3.2　建筑装饰施工图图示方法与内容

建筑装饰施工图是按照装饰设计方案确定的空间尺度、构造做法、材料选用、施工工艺等，并遵照建筑及装饰设计规范所规定的要求编制的用于指导装饰施工生产的技术文件。建筑装饰施工图由图纸目录、装饰设计说明、装饰平面布置图、地面铺装图、顶棚平面图、装饰立面图、效果图、装饰详图（也称为大样图）、主材表组成。

1. 建筑装饰施工图图示特点

（1）按照国家有关现行制图标准，采用相应的材料图例，按照正投影原理绘制而成，必要时绘制所需的透视图、轴测图等。

（2）它是建筑施工图的重要组成部分，只是表达的重点内容与建筑施工图不同，要求也不同。它以建筑设计为基础，制图和识图上有自身的规律，如图样的组成、施工工艺及细部做法的表达方法与建筑施工图有所不同。

（3）建筑装饰施工图受业主的影响大。业主的使用要求是装饰设计的一个主要因素，尤其是在方案设计阶段。设计方案最终要业主审查通过后才能进入施工程序。

（4）建筑装饰设计图具有易识别性。图纸面对广大用户和专业施工人员，为了明确反映设计内容，增强与用户的沟通效果，设计需要简单易识别。

（5）装饰设计涉及的范围广。装饰设计与建筑、结构、水电、暖、机械设备等都会发生联系，所以与施工和其他单位的项目管理也会发生联系，这就需要协调好各方关系。

（6）建筑装饰施工图详图多，必要时应提供材料样板。装饰设计具有鲜明的个性，设计施工图具有个案性，很多做法难以找到现成的节点图进行引用。装饰装修施工用到的做法多、选材广，为了达到满意的效果需要材料供应商在设计阶段提供材料样板。

2. 建筑装饰平面布置图图示方法与内容

（1）图示方法

建筑装饰平面布置图是假想用一个水平的剖切平面，在略高于窗台的位置，将经过内外装修后的房屋整个剖开向下投影所得的图。它与建筑平面图相配合，建筑平面图上剖切的部分在装饰施工图上也会体现出来，图上剖到部分用粗线表示、看到的用细线表示。省去建筑平面图上与装饰无关的或关系不大的内容。装饰施工图中门窗的平面形式主要用图例表示，其装饰应按比例和投影关系绘制，标明门窗是里装、外装还是中装等，并注明设计编号；垂直构件的装饰形式，可用中实线画出它们的外轮廓，如门窗套、包柱、壁饰、隔断等；墙柱的一般饰面则用细实线表示。各种室内陈设品可用图例表示。图例是简化的投影，一般按中实线画出，对于特征不明显的图例可以用文字注明。

动画演示：建筑装饰平面图的形成，扫一扫二维码 3-9。

3-9 动画演示：建筑装饰平面图的形成

（2）图示内容

1）建筑主体结构，如墙、柱、门窗、台阶等。

2）各功能空间（如客厅、餐厅、卧室等）的家具的平面形状和位置，如沙发、茶几、餐桌、餐椅、酒柜、地柜、床、衣柜、梳妆台、床头柜、书柜、书桌等。

3）厨房的橱柜、操作台、洗涤池等的形状和位置。

4）卫生间的浴缸、大便器、洗手台等的形状和位置。

5）家电的形状和位置。如空调、电冰箱、洗衣机等。

6）隔断、绿化、装饰构件、装饰小品等的布置。

7）建筑主体结构的开间和进深等尺寸、主要的装修尺寸。

8）装修要求等文字说明。

9）装饰视图符号。

3. 地面铺装图图示方法与内容

（1）图示方法

地面铺装图是在装饰平面布置图的基础上，把地面（包括楼面、台阶面、楼梯平台面等）装饰单独独立出来而绘制的详图。它是在室内不布置可移动的装饰因素（如家具、设备、盆栽等）的状况下，假想用一个水平的剖切平面，在略高于窗台的位置，将经过内外装修的房屋整个剖开，移去以上部分向下看所做的水平投影图。

动画演示：建筑装饰地面图的形成，扫一扫二维码 3-10。

3-10 动画演示：建筑装饰地面图的形成

（2）图示内容

1）建筑平面布置图基本内容和尺寸。装饰地面铺装图需要表达建筑平面图的有关内容。

2）装饰结构的布置形式和位置。

3）室内外地面的平面形状和位置。地面装饰的平面形式要求绘制准确、具体，按比例用细实线画出该形式的材料规格、铺式和构造分格线等，并标明其材料品种和工艺要求，必要时应填充恰当的图案和材质实景图表示。标明地面的具体标高和收口索引。

4）装饰结构与地面布置的尺寸标注。

5）必要的文字说明。为了使图面的表达更为详尽周到，必要的文字说明是不可缺少的，如房间的名称、饰面材料的规格／品种／颜色、工艺做法与要求、某些装饰构件与配套布置的名称等。

4. 顶棚平面图图示方法与内容

（1）图示方法

顶棚平面图也称天花平面图，是采用镜像投影法，将地面视为截面，对镜中顶棚的形象作正投影而成。

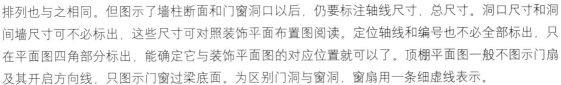

3-11 动画演示：建筑装饰顶棚图的形成

动画演示：建筑装饰顶棚图的形成，扫一扫二维码3-11。

（2）图示内容

1）表明墙柱和门窗洞口位置，是采用镜像投影法绘制的顶棚图。其图形上的前后、左右位置应与装饰平面布置图完全一致，纵横轴线的排列也与之相同。但图示了墙柱断面和门窗洞口以后，仍要标注轴线尺寸、总尺寸。洞口尺寸和洞间墙尺寸可不必标出，这些尺寸可对照装饰平面布置图阅读。定位轴线和编号也不必全部标出，只在平面图四角部分标出，能确定它与装饰平面图的对应位置就可以了。顶棚平面图一般不图示门扇及其开启方向线，只图示门窗过梁底面。为区别门洞与窗洞，窗扇用一条细虚线表示。

2）表示顶棚装饰造型的平面形式和尺寸，并通过附加文字说明其所用材料、色彩及工艺要求。顶棚的跌级变化应结合造型平面分区用标高来表示，所注标高是顶棚各构件地面的高度。

3）表明顶部灯具的种类、式样、规格、数量、布置形式及安装位置。顶棚平面图上的小型灯具按比例用一个细实线圆表示，大型灯具可按比例画出它的正投影外形轮廓，力求简明概括，并附加文字说明。

4）表明空调风口、顶部消防与音响设备等设施的布置形式与安装位置。

5）表明墙体顶部有关装饰配件（如窗帘盒、窗帘等）的形式与位置。

6）表明顶棚剖面构造详图的剖切位置及剖面构造详图的所在位置。

5. 装饰详图图示内容与方法

（1）按照隶属关系分类的装饰详图

1）功能房间大样图。它以整体设计某一重要或有代表性的房间单独提取出来放大做设计图样，图示内容详尽。其内容包括该房间的平面综合布置图、顶棚综合图以及该房间的各立面图、效果图。

2）装饰构配件详图。装饰构配件种类很多，它包括各种室内配套设置体，还包括一些装饰构配件，如装饰门、门窗套、装饰隔断、花格、楼梯栏板（杆）等。

3）装饰节点图。它是将两个或多个装饰面的交汇点或构造的连接部位，按垂直和水平方向剖开，并以较大比例绘制出的详图，它是装饰工程中最基本和最具体的施工图，其中比例 1：1 的详图又称为足尺图。

（2）按照详图的部位分类的装饰详图

1）地面构造详图。不同的地面（坪）图示方法不尽相同。一般若地面（坪）做有花饰图案时应绘出地面（坪）花饰平面图。对地面（坪）的构造则应用断面图表明，地面多层做法多用分层注释方法表明。

2）墙面构造装饰详图。一般进行软包装或硬包装的墙面绘制装饰详图，构造装饰详图通常包括墙体装饰立面图和墙体断面图。

3）隔断装饰详图。隔断的形式、风格及材料与做法种类繁多。可用整体效果的立面图、结构材料与做法的剖面图和节点立体图来表示。

4）吊顶装饰详图。室内吊顶也是装饰设计的主要内容，形式较多。一般吊顶装饰详图应包括吊顶平面格栅布置图和吊顶固定方式节点图等。

5）门窗装饰构造详图。在装饰设计中，门窗一般要进行成型装饰或改造，其详图包括表示门、窗整体的立面图和表示具体材料、结构的节点断面图。

6）其他详图。例如门、窗及扶手、栏杆、栏板等这些构件平面上不宜表达清楚，需要将进一步表达的部位另画大样图，这就是建筑构件配件装饰大样图。

任务 3.3 建筑装饰施工图识图方法

建筑装饰施工图一般由装饰设计说明、装饰平面布置图、地面铺装图、顶棚平面图、装饰立面图、墙（柱）面装饰剖面图、装饰详图等图样组成，其中装饰设计说明、平面布置图、楼地面平面图、顶棚平面图、室内立面图为基本图样，表明细部尺寸、凹凸变化、工艺做法等。

1. 建筑装饰施工图识读步骤和方法

（1）建筑装饰施工图识读步骤

1）阅读图纸目录。根据目录对照检查全套图纸是否齐全，标准图是否配齐，图纸有无缺损。

2）阅读装饰装修施工工艺说明。了解本工程的名称、工程性质以及采用的材料和特殊要求等，对本工程有一个完整的概念。

3）通读图纸。对图纸进行初步阅读。读图时，按照先整体后局部、先文字后图样、先图形后尺寸的顺序进行。

4）精读图纸。在初读基础上，对图纸进行对照、详细阅读，对图样上的每个线面、每个尺寸都务必看懂，并掌握与其他图的关系。

（2）建筑装饰施工图识读的一般方法

1）总览全局。先阅读建筑装饰施工图的基本图样，建立建筑物及装饰的轮廓概念，然后再针对性地阅读详图。

2）循序渐进。根据投影关系、构造特点和图纸顺序，从前往后、从上往下、从左往右、从外向内、从小到大、由粗到细反复阅读。

3）相互对照。识读建筑装饰施工图时，应将图样与说明对照看，基本图与详图对照看，必要时还要查阅建筑施工图、结构施工图、设备施工图，弄清相互对应关系与配合要求。

4）重点阅读。有重点地阅读建筑装饰施工图，掌握施工必需的信息。

2. 装饰平面布置图识图方法

装饰平面布置图应表达室内水平界面中正投影方向的物象，且需要时还应表示剖切位置中正投影方向墙体的可视物象。局部平面放大图的方向宜与楼层平面图的方向一致。平面图中还注明了房间的名称或编号。对于装饰物件，可注写名称或用相应的图例符号表示。对于较大的房屋建筑室内装饰平面，可分区绘制平面图，且每张分区平面图均应以组合示意图表示所在位置。对于在组合示意图中要表示的分区，可采用阴影线或填充色块表示。各分区应分别用大写拉丁字母或功能区名称表示。各分区视图的分区部位及编号应一致，并应与组合示意图对应。对于起伏较大的呈弧形、曲折形或异形的房屋建筑室内装饰平面，可用展开图表示，不同的转角面应用转角符号表示连接，为表示室内立面的平面上的位置，应在平面图上表示出相应的索引符号。房屋建筑室内各种平面中出现异形的凹凸形状时，可用剖面图表示。

装饰平面布置图识读要点如下：

（1）首先看图名、比例、标题栏，弄清楚是什么平面图。然后看建筑平面基本结构及尺寸，把各个房间的名称、面积及门窗、走道等主要尺寸记住。

（2）通过装饰面的文字说明，弄清楚施工图对材料规格、品种、色彩的要求，对工艺的要求。结合装饰面的面积，组织施工和安排用料。明确各装饰面的结构材料与饰面材料的衔接关系和固定方式。

（3）确定尺寸。首先要区分建筑尺寸与装饰尺寸，然后在装饰尺寸中，分清定位尺寸、外形尺寸和结构尺寸（平面上的尺寸标注一般分布在图形的内外）。

（4）平面布置图上的符号：

①通过投影符号，明确投影面编号和投影方向，进一步查出各投影方向的立面图；

②通过剖切符号，明确剖切位置及其剖切方向，进一步查阅相应的剖面图；

3-12 视频演示：识读建筑装饰平面图

③通过索引符号，明确被索引部位和详图所在位置。

视频演示：识读建筑装饰平面图，扫一扫二维码3-12。

3. 装饰立面图识图方法

建筑室内装饰立面图是按正投影法绘制的。立面图应表达室内垂直界面中投影方向的物体，需要时还应表示剖切位置中投影方向的墙体、顶棚、地面的可视内容。立面图的两端宜标注房屋建筑平面定位轴线编号。平面为圆形、弧形、曲折形、异形的室内立面，可用展开图表示，不同的转角面应用转角符号表示连接。对于对称式装饰面或物体等，在不影响物象表现的情况下，立面图可绘制一半，并应在对称轴线处画对称符号。在建筑室内装饰立面图上，相同的装饰构造样式可选择一个样式给出完整图样，其余部分可只画图样轮廓线。在建筑室内装饰立面图上，表面分隔线应表示清楚，并应用文字说明各部位所用材料及色彩等。立面图宜根据平面图中立面索引编号标注图名。有定位轴线的立面，也可根据两端定位轴线号编注立面图名称。

装饰立面图识读要点如下：

（1）明确装饰立面图上与该工程有关的各部分尺寸和标高。

（2）理清地面标高，装饰立面图一般以首层室内地坪为零，高出地面者以正号表示，反之则以负号表示。

（3）理清每个立面上有几种不同的装饰面，这些装饰面所用材料以及施工工艺要求。

（4）立面上各不同材料饰面之间的衔接收口较多，要注意收口的方式、工艺和所用材料。

（5）要注意电源开关、插座等设施的安装位置和方式。

（6）理清建筑结构与装饰结构之间的衔接，装饰结构之间的连接方 3-13 视频演示：识读建筑装饰立面图
法和固定方式，以便提前准备预埋件和紧固件。仔细阅读立面图中文字
说明。

视频演示：识读建筑装饰立面图，扫一扫二维码 3-13。

4. 装饰剖面图识图方法

剖面图在装饰工程中存在着极其密切的关联和控制作用。

装饰剖面图识读要点如下：

（1）看剖面图首先要弄清楚该图从何处剖切而来。分清是从平面图上，还是从立面图上剖切的。剖切面的编号或字母，应与剖面图符号一致，了解该剖面的剖切位置与方向。

（2）通过对剖面图中所示内容的阅读研究，明确装饰工程各部位的构造方法、尺寸、材料要求与工艺要求。

（3）注意剖面图上索引符号，以便识读构件或节点详图。

（4）仔细阅读剖面图竖向数据及有关尺寸、文字说明。

（5）注意剖面图中各种材料结合方式以及工艺要求。

（6）理清剖面图中标注、比例。

5. 装饰详图识图方法

装饰详图是补充平、立、剖面图的最为具体的图式手段。装饰施工平、立、剖三图主要是用以控制整个建筑物、建筑空间与装饰结构的原则性做法。装饰详图应包含"三详"：即图形详、数据详、文字详。

（1）局部放大图

放大图就是把原状图放大而加以充实，并不是将原状图进行较大的变形。

1）室内装饰平面局部放大图以建筑平面图为依据，按放大的比例图示出厅室的平面结构形式和形状大小、门窗设置等，对家具、卫生设备、电器设备、织物、摆设、绿化等平面布置表达清楚，同时还要标注有关尺寸和文字说明等。

2）室内装饰立面局部放大图是重点表现墙面的设计，先图示出厅室围护结构的构造形式，再将墙面上的附加物以及靠墙的家具都详细地表现出来，同时标注有关详细尺寸、图示符号和文字说明等。

（2）装饰件详图

装饰件项目很多，如散热器罩、吊灯、吸顶灯、壁灯、空调箱孔、送风口、回风口等。这些装饰件都可能依据设计意图画出详图。其内容主要是表明它在建筑物上的准确位置，与建筑物其他构配件的衔接关系，装饰件自身构造及所用材料等内容。装饰件的图示法要视其细部构造的繁简程度和表达的范围而定。有的只要一个剖面详图就行，有的还需要另加平面详图或立面详图来表示，有的还需要同时用平、立、剖面详图来表现。对于复杂的装饰件，除本身的平、立、剖面图外，还

需增加节点详图才能表达清楚。

（3）节点详图

节点详图是将两个或多个装饰面的交汇点，按垂直或水平方向切开，并加以放大绘出的视图。节点详图主要是表明某些构件、配件局部的详细尺寸、做法及施工要求；表明装饰结构与建筑结构之间详细的衔接尺寸与连接形式；表明装饰面之间的对接方式及装饰面上的设备安装方式和固定方法。节点详图是详图中的详图。识读节点详图一定要弄清楚该图从何位置剖切，同时注意剖切方向和视图的投影方向。对节点图中各种材料结合方式以及工艺要求也要弄清。

3-14 视频演示：实木地板剖面详图

视频演示：实木地板剖面详图，扫一扫二维码 3-14。

任务 3.4　建筑装饰施工图组成与图纸会审

1. 建筑装饰施工图组成

建筑装饰施工图是工程设计人员按照投影原理，用线条、数字、文字、符号及图例在图纸上画出的图，用来表达设计构思和艺术观点，空间布置与装饰构造以及造型、选材、饰面、尺度等，并准确体现装饰工程施工方案和方法等。

（1）建筑装饰施工图的作用

建筑装饰施工图是装饰工程施工的技术语言、工人施工和工程竣工验收的依据以及编审建筑装饰工程预（结）算的主要依据。

（2）建筑装饰施工图的特点

1）建筑装饰施工图是工程设计人员按照投影原理，用线条、数字、文字和符号绘制而成。它表达装饰工程的构造和饰面处理要求，其内容相当丰富（平面、立面、剖面、节点、水电、家具）。

2）为了表达翔实，符合施工要求，建筑装饰施工图一般将建筑的一部分放大后图示，所用比例较大，因而有建筑局部放大图之说。

3）建筑装饰施工图图例部分无统一标准，多是在流行中相互沿用，各地大同小异，需要文字说明。

4）建筑装饰施工图由于是建筑物某部位或某装饰空间的局部表示，笔力集中，所以有些细部描绘比建筑施工图更细腻。

2. 设计交底与图纸会审

在工程施工之前，建设单位应组织装饰施工单位进行工程设计图纸会审，组织设计单位进行设计交底，先由设计单位介绍设计意图、结构特点、施工要求、技术措施和有关注意事项，然后由施工单位提出图纸中存在的问题和需要解决的技术难题，通过三方研究协商、拟定解决方案、写出会议纪要，其目的是为了使施工单位熟悉设计图纸，了解工程特点和设计意图，以及对关键工程部分的质量要求，及时发现图纸中的差错，将图纸的质量隐患消灭在萌芽状态，以提高工程质量，避免不必要的工程变更，降低工程造价。

（1）图纸审查、图纸会审管理

1）施工单位领取工程施工图纸后，由项目技术负责人组织技术、生产、预算、质量、测量及分包单位有关人员对图纸进行审查。

2）监理、施工单位将各自提出的图纸问题及意见，按专业整理、汇总后报建设单位。

3）建设单位组织设计、监理和施工单位技术负责人及有关专业人员参加，由设计单位对图纸存在问题进行设计交底，施工单位技术人员负责将设计交底内容按装饰专业汇总、整理，形成图纸会审记录。

4）图纸会审记录应由建设、设计、监理和施工单位的项目相关负责人签认，形成正式图纸会审记录。图纸会审记录属于正式设计文件，四方签字后方可生效，不得擅自在会审记录上涂改或变更其内容。

5）图纸会审工作应在正式施工前完成，重点审查施工图的有效性，对施工条件的适应性，各专业之间、全图与详图之间的协调一致性等。

（2）图纸会审的主要内容

1）总平面图与施工图的几何尺寸、平面位置、标高等是否一致。

2）建筑装饰工程与建筑、结构和水暖电安装等专业图纸本身是否有差错及矛盾；结构图与建筑图的平面尺寸及标高是否一致，平、立、剖面之间有无矛盾；表示方法是否清楚。

3）材料来源有无保证，能否代换；图中所要求的条件能否满足；新材料、新技术的应用有无问题。

4）建筑装饰工程与建筑结构和建筑构造等是否存在不能施工、不便施工的技术问题，或容易导致质量、安全事故或工程费用增加等方面的问题。

5）工艺管道、电气线路、设备装置、运输道路与建筑物之间或相互间有无矛盾，布置是否合理。

（3）设计变更、工程洽商记录

1）设计变更通知单由设计单位下达，工程洽商由施工单位提出，由项目技术人员办理。

2）在装饰工程施工过程中，发生如下情况应办理变更或洽商：

①发现设计图纸存在问题或缺陷；

②某种主要材料需要代换；

③涉及主体和承重结构改动或增加荷载；

④与其他专业施工发生冲突；

⑤施工条件发生变化，不能满足设计要求等。

3）在正式施工前办理工程洽商或设计变更，须取得设计、建设、监理、施工单位共同认可并签字后方可正式施工。

4）若设计变更对现场或备料已造成影响，应及时请业主、监理人员确认，以便为工程结算、质量责任追溯、工程维修等提供依据。

任务拓展

课堂训练

1. 建筑施工图是_____的最终成果，同时又是_____、_____和_____的主要依据。

2. 设备施工图可按工种不同划分成_____、_____、_____等。

3. 按照详图的部位分类的装饰详图有_____、_____、_____、_____、_____、_____。

扫一扫，查答案（二维码 3-15 ）

3-15 模块三　课堂训练答案及解析

学习思考

1. 建筑施工图由哪些部分组成？

2. 建筑装饰施工图识读的一般步骤是什么？

3. 建筑装饰施工图的组成有哪些？

4. 为什么要组织设计交底和图纸会审？

3-16 某办公楼室内装饰设计项目案例

知识链接

企业案例：某办公楼室内装饰设计项目案例，扫一扫二维码 3-16。

4

模块四
建筑装饰工程施工机具与测量

任务目标

4-1 微课视频：现场尺寸复核

学习目标：熟悉常用气动、电动及手动装饰施工机械机具的性能与使用要求；掌握经纬仪、水准仪使用要求；能够正确实施施工定位放线和进行施工放线质量校核。

4-2 微课视频：光学经纬仪的使用

素质目标：本模块内容将培养学生严谨细致、精准规范、精益求精的工匠精神和安全意识。通过对建筑装饰工程测量仪器设备的操作使用的学习，使学生具备一定精准测量放线的能力，教师通过对施工机具操作的细致讲解，融入安全意识等课程思政要素。

4-3 微课视频：水准测量仪的使用

任务导学

扫描二维码 4-1~ 二维码 4-4 观看微课视频：现场尺寸复核、光学经纬仪的使用、水准测量仪的使用、激光测距仪的使用，观看后思考以下问题：

4-4 微课视频：激光测距仪的使用

1．如何进行现场尺寸复核？

2．光学经纬仪的使用方法是什么？

3．水准测量仪的使用方法是什么？

4．激光测距仪的使用方法是什么？

任务实施

任务 4.1 装饰施工常用机械机具

1．空气压缩机

空气压缩机又称"气泵"，它以电动机作为原动力，以空气为媒介向气动类机具传递能量，即通过空气压缩机来实现压缩空气、释放高压气体，驱动机具的运转。以空气压缩机作为动力的装饰机具有：射钉枪、喷枪、风动改锥、手风钻及风动磨光机等（图 4-1，空气压缩机）。

2．气动射钉枪

气动射钉枪是与空气压缩机配套使用的气动紧固机具。它的动力源是空气压缩机提供的压缩空气，通过气动元件控制机械和冲击气缸实现撞针往复运动，高速冲击钉夹内的射钉，达到发射射钉紧固木质结构的目的。气动射钉枪用于装饰工程中在木龙骨或其他木质构件上紧固木质装饰面或纤维板、石膏板、刨花板及各种装饰线条等材料。气动射钉枪射钉的形状，有直形、"U"形（订书钉形）和"T"形几种。与上述几种射钉配套使用的气动射钉枪有气动码钉枪、气动圆头射钉枪和气动"T"形射钉枪（图 4-2，气动射钉枪）。

图4-1 空气压缩机

图4-2 气动射钉枪

3. 手电钻

手电钻是装饰作业中最常用的电动工具，用它可以对金属、塑料等进行钻孔作业。根据使用电源种类的不同，手电钻有单相串激电钻、直流电钻、三相交流电钻等，近年来发展了可变速、可逆转或充电电钻。在形式上也有直头、弯头、双侧柄、枪柄、后托架、环柄等多种形式（图4-3，手电钻）。

4. 电锤

电锤是装饰施工常用机具，主要用于混凝土等结构表面剔、凿和打孔作业。作冲击钻使用时，则用于门窗、顶棚和设备安装中的钻孔，埋置膨胀螺栓（图4-4，电锤）。

图4-3 手电钻

图4-4 电锤

5. 型材切割机

型材切割机作为切割类电动机具，具有结构简单、操作方便、功能广泛、易于维修与携带等特点，是现代装饰工程施工常用机具之一。型材切割机用于切割各种钢管、异型钢、角钢、槽钢以及其他型材钢，配以合适的切割片，适宜切割不锈钢、轴承钢、合金钢、淬火钢和铝合金等材料。目前国产型材切割机大多使用三相电，切割片直径以400mm为主。进口产品一般使用单相电，切割片直径在300~400mm。切割片根据型材切割机的型号、轴径以及切割能力选配。更换不同的切割片可加工钢材、混凝土和石材等材料（图4-5，型材切割机）。

6.拉铆枪

拉铆枪主要有手动拉铆枪、电动拉铆枪和风动拉铆枪三种。电动和风动拉铆枪铆接拉力大，适合于较大型结构件的预制及半成品制作。其结构复杂，维修相对困难，且必须具备气源。在装饰工程施工中最常用的是手动拉铆枪。在装饰施工中，拉铆枪广泛应用于顶棚、隔断及通风管道等工程的铆接作业（图4-6，手动拉铆枪）。

7.手动式墙地砖切割机

手动式墙地砖切割机作为电动切割机的一种补充，广泛应用于装饰施工，它适用于薄形墙地砖的切割，且不需电源，小巧、灵活，使用方便，效率较高（图4-7，手动式墙地砖切割机）。

图4-5　型材切割机　　　　　图4-6　手动拉铆枪　　　　　图4-7　手动式墙地砖切割机

视频演示：瓷砖切割机操作演示，扫一扫二维码4-5。

文本展示：装饰施工常用机械机具使用方法及注意事项，扫一扫二维码4-6。

4-5 视频演示：
瓷砖切割机操作演示

4-6 装饰施工常用机械机具
使用方法及注意事项

任务4.2　经纬仪、水准测量仪和测距仪使用

1.激光经纬仪

激光经纬仪在光学经纬仪上引入半导体激光，通过望远镜发射出来。激光束与望远镜照准轴保持同轴、同焦。因此，除具备光学经纬仪的所有功能外，还有一条可见的激光束，便于室外装饰工程立面放线。激光经纬仪望远镜可绕过支架作盘左盘右测量，保持了经纬仪的测角精度。也可向顶棚方向垂直发射光束，作为一台激光垂准仪用。若配置弯管读数目镜，则可根据竖盘读数对垂直角进行测量。望远镜照准轴精细调成水平后，又可作激光水准仪用。若不使用激光，

仪器仍可作光学经纬仪用。

📖 教学课件：光学经纬仪的使用，扫一扫二维码4-7。

2. 自动安平水准测量仪

自动安平水准测量仪主要用于国家二等水准测量，也可用于装饰工程抄平。平板测微器采用直接读数形式，直读 0.1mm，估读 0.01mm。可在 −25~45℃温度范围内使用。

📖 教学课件：水准测量仪（以下简称水准仪）的使用，扫一扫二维码4-8。

3. 测距仪

按测定传播时间的方式不同，测距仪分为相位式测距仪和脉冲式测距仪两种；按照测程的不同，测距仪又可分为远程、中程和短程测距仪三种。目前使用较多的是相位式短程光电测距仪。短程光电测距仪的测程在 5km 以下，通常使用红外光源。在建筑装饰工程中常

使用一种小型电子测距仪，多用于测量建筑的高度。手持测距仪是测距仪的一种，它不需特别的反射物，有无目标板均可使用，具有体积小、携带方便的特点，可以完成距离、面积、体积等测量工作。

📖 教学课件：测距仪的使用，扫一扫二维码4-9。

任务 4.3　装饰工程施工测量

1. 使用经纬仪、水准仪进行室内外定位放线

（1）轴线投测

1）经纬仪竖向投测

①设定轴线控制桩或控制点时，要将建筑物轴线延长至建筑物长度以外，或延长至附近较低的建筑物上；

②把经纬仪安装在轴线控制桩或控制点上，后视首层轴线标点，仰起望远镜在楼板边缘或墙、柱顶上标出一点，仰角不应大于 45°；

③用倒镜重复一次，再标出一点，若正、倒镜标出的两点在允许误差范围之内，则取其中点弹出轴线；

④用钢尺测量各轴线之间的距离，作为校核，其相对误差不大于 1/2000。

2）吊线坠投测

高 50~100m 的建筑，可用 10~20kg 的线坠配以直径 0.5~0.8mm 的钢丝，向上引测轴线。其测设要求如下：

①首层设置明显、准确的基准点；

②各层楼板的相应位置均预留孔洞；

③为保证线坠稳定，刮风天设风挡；

④在线坠静止后，要在上层预留洞边弹线，标定轴线位置。

（2）标高传递

1）在建筑物首层外墙、边柱、楼梯间或电梯井用水准仪测设至少 3 处以上标高基准点（一般取 +0.000），然后用油漆画出明显标志；

2）以首层标高基准点为起始点，用钢尺沿竖直方向往上或往下量取各层标高基准点；

3）在各层上用水准仪对引来的基准点标高进行校核，若各点标高误差 <3mm，则取其平均值弹出该层标高基准线。

2．使用经纬仪、水准仪进行放线复核

主体结构工程完成之后，再对每一层的标高线、控制轴线进行复查，核查无误以后，必须分间弹出基准线，并依此进行装饰细部弹线。

（1）测设分间基准线

1）某一层主体结构完成之后，须依照轴线对结构工程进行复核，并将结构构件之间的实际距离标注在该层施工图上。

2）计算实际距离与原图示距离的误差，并根据不同情况，研究采取消化结构误差的相应措施。消化结构误差应遵循的总原则是保证装修精度高的部位的尺寸，将误差消化在精度要求较低的部位。

3）根据调整后的误差消化方案，在施工图上重新标注放线尺寸和各房间的基准线。

4）根据调整后的放线图，以本层轴线为直角坐标系，测设各间十字基准线。

5）根据调整后的各间楼面建筑标高，弹出各间"一米线"或"五零线"，即楼面建筑标高以上 100cm 或 50cm 的基准线。

（2）填充墙及外墙衬里弹线

1）砌筑填充墙

①根据放线图，以分间十字线为基准，弹出墙体砌筑线；

②确定门洞位置，在边线外侧注明洞口顶标高；确定窗口或其他洞口相对标高位置，并在线外侧注明洞口尺寸（宽 × 高）和洞口底标高；

③嵌贴装饰面层的墙体，在贴饰面一侧的边线外弹一条平行的参考线，并在线旁注明饰面种类及其外皮到该参考线的距离。

2）外墙衬里

①按房间的图示净空尺寸，沿外墙内侧的地面上弹出衬里外皮的边线；

②用线坠或接长的水平尺，把地面上的弹线返到顶棚上；

③对于龙骨罩面板式的衬里，须加弹龙骨外边线（罩面板内皮边线）；

④检查所弹边线与外墙之间的距离是否满足衬里厚度的需要，若不能满足，则标出须加以剔凿或修补的范围。

（3）嵌贴饰面弹线

1）室内墙地瓷砖

①对墙面进行找直、找方（包括剔凿、修补和砂浆打底）；

②在墙面底部弹出地面瓷砖顶标高线；

③在沿墙的地面上弹出墙面瓷砖外皮线；

④在有对称要求的地面或墙面上弹出对称轴；

⑤从对称轴向两侧测量墙、地面尺寸，然后根据墙、地面瓷砖的尺寸计算砖缝宽度，安排"破活"位置，绘出排砖图；

⑥按墙、地面排砖图，每相隔 5~10 块瓷砖弹一砖缝控制线，在需要"破活"的位置加弹控制线，若墙、地面瓷砖的模数相同，应将墙、地面砖缝控制线对准。

2）楼梯踏步镶贴饰面

①在楼梯两侧墙面上弹出上、下楼层平台和休息平台的设计建筑标高；

②确定最上一级踏步的踢面与楼层平台的交线位置，并在两侧墙面上标出点 $P_{顶}$；

③根据梯段长度和两端的高差，计算楼梯坡度；

④过 $P_{顶}$ 按计算得出的楼梯坡度，在两侧墙面上弹出斜线，与休息平台设计建筑标高线的交点称为 $P_{底}$；

⑤将线段 $P_{顶}P_{底}$ 按该梯段踏步数等分，过各等分点作水平线，即为各踏面镶贴饰面的顶标高；

⑥根据楼梯踏步详图所确定的式样，弹出各踏步踢面的位置；

⑦对休息平台以下的梯段，重复上述②~⑥各步骤。

（4）吊顶弹线

1）查明图纸和其他设计文件上对房间四周墙面装饰面层类型及其厚度的要求；

2）重新测量房间四周墙面是否规方；

3）考虑四周墙面留出饰面层厚度，将中间部分的边线规方后弹在地面上；

4）对于有对称要求的吊顶，先在地面上弹出对称轴，然后从对称轴向两侧量距、弹线；

5）对有高度变化的吊顶，先在地面上弹出不同高度吊顶的分界线，对有灯盒、风口和特殊装饰的吊顶，也应在地面上弹出这些设施的对应位置；

6）用线坠或接长的水平尺将地面上弹的线返到顶棚上，对有标高变化的吊顶，在不同高度吊顶分界线的两侧标明各自的吊顶底标高；

7）根据以上的弹线，再在顶棚上弹出龙骨布置线；

8）沿四周墙面弹出吊顶底标高线；

9）在安装吊顶罩面板后，还须在罩面板上弹出安装各种设施的开洞位置及特殊饰物的安装位置。

教学课件：数字化放线，扫一扫二维码 4-10。

4-10 教学课件：数字化放线

任务拓展

课堂训练

1. 水准仪粗略整平，首先使物镜平行于任意两个脚螺旋的连线，然后用两手同时向内或向外旋转脚螺旋，使气泡移至两个脚螺旋方向的_____，再用左手旋转脚螺旋，使气泡_____。

2. 水准仪按其高程测量精度分为_____、_____、_____、_____、_____。

3. 沉降观测时，沉降观测点的点位宜选设在_____、_____、_____、_____。

扫一扫，查答案（二维码 4-11）

4-11 模块四 课堂训练答案及解析

学习思考

1. 使用空气压缩机注意事项有哪些？
2. 常用手电钻的基本性能是什么？
3. 使用手动式瓷砖切割机的注意事项有哪些？

4-12 CBD 办公楼室内装饰工程
项目案例

知识链接

企业案例：CBD 办公楼室内装饰工程项目案例，扫一扫二维码 4-12。

5

Mokuaiwu   Jianzhu Zhuangshi Gongcheng Shigong Zuzhi Sheji

模块五
建筑装饰工程施工组织设计

任务目标

学习目标： 了解施工组织设计的类型和编制依据；掌握施工组织设计的内容；了解装饰工程施工组织设计的编制方法与程序；掌握装饰工程施工方案的编制原则、内容与编制方法；掌握单位工程施工组织设计的编制，能够编制小型装饰工程的施工组织设计；能够编制抹灰、顶棚、地面、涂饰等工程的专项施工方案。

素质目标： 本模块内容将培养学生严谨细致、团结协作、全局意识。通过对建筑装饰施工组织设计的学习，使学生掌握编制施工组织设计的方法，让学生具备全局意识，培养学生组织协调能力和统筹全局的大局观。

任务导学

5-1 教学课件：施工组织设计与审批

扫描二维码 5-1、二维码 5-2 观看教学课件和企业案例：施工组织设计与审批、某综合楼工程双排脚手架施工方案，观看后思考以下问题：

1. 施工组织设计的内容有哪些？
2. 专项施工方案的内容有哪些？
3. 如何编制小型装饰工程施工组织设计？
4. 如何编制一般装饰工程分部（分项）工程施工方案？

5-2 某综合楼工程双排脚手架施工方案

任务实施

任务 5.1　施工组织设计内容及编制方法

施工组织设计是指在满足国家和建设单位要求的前提下，依据设计文件及图纸、现场施工条件和编制施工组织设计的原则所编制的指导现场施工全过程的重要技术经济文件。

1. 施工组织设计类型

（1）施工组织总设计

对群体建筑或一个施工项目的施工全过程起着战略性、控制性的作用。在初步设计或技术设计获得批准后，由总承包单位的总工程师领导编制；对多个合同工程的项目，由监理单位编制。

（2）单位工程施工组织设计

指导和组织单位工程或单项工程施工的全过程。施工图设计完成后，由承包单位的技术负责人组织编制。

（3）分部分项工程施工组织设计

对技术复杂或专业性较强的分部工程做更详细的施工组织设计。可与单位工程施工组织设计同时编制，或由专业承包单位负责编制。

2．施工组织设计内容

施工组织设计不仅具有指导施工现场施工的作用，还要对工程商务运作进行规划。施工组织设计除了施工组织与技术措施，还需包含单位工程施工的经济效益分析，成本控制等措施。具体包括如下内容：

（1）封面。一般包含工程名称、施工组织设计或专项施工方案、编制单位、编制时间、编制人、审批人、编制企业标识。

（2）目录。可以让使用人了解施工组织设计或专项施工方案的各组成部分，快速而方便地找到所需的内容。

（3）编制依据。国家与工程建设法律法规和政策要求、主管部门的批文及要求，主要有工程合同、施工图纸、技术图集所需的标准、规范、规程等，工程预算及定额，建设单位对施工可能提供的条件，施工条件以及施工企业的生产能力、机具设备状况、技术水平，施工现场的勘察资料等，有关的参考资料及施工组织设计实例等。

（4）工程概况。简述工程概况和施工特点，包括工程名称、工程地址、建设单位、设计单位、监理单位、质量监督单位、施工总包方、主要分包方的基本情况；合同的性质、合同的范围、合同的工期、工程的难点与特点、建筑专业设计概况、结构专业设计概况、其他专业设计概况等；建设地点的地质、水质、气温、风力等；施工技术和管理水平，水、电、场地、道路及四周环境，材料、构件、机械和运输工具的情况等。

（5）施工方案。从时间、空间、工艺、资源等方面确定施工顺序、施工方法、施工机械和技术组织措施等内容。

（6）施工进度计划。计算各分项工程的工程量、劳动量和机械台班量，从而计算工作持续时间、班组人数，编制施工进度计划。

（7）施工准备工作及各项资源需要量计划。编制施工准备工作计划和劳动力、主要材料、施工机具、构件及半成品的需要量计划等。

（8）施工现场平面图。确定起重运输机械的布置，搅拌站、仓库、材料和构件堆场、加工场的位置，现场运输道路的布置，管理和生活临时设施及临时水电管网的布置等内容。

（9）主要经济技术指标。主要包括工期指标、质量和安全指标、实物消耗量指标、成本指标和投资额指标等。

（10）文明施工技术措施。主要包括施工现场及周边环境卫生、噪声治理、扰民问题解决方案，社区精神文明建设，文明施工费用计划安排等。

（11）新技术、新材料和新工艺的使用。对工程项目施工中可能采用的新技术、新工艺、新材料的使用情况、效果、效益等的分析。

（12）其他。如冬期施工措施，极端气候条件下的应对措施等。对于一般常见的建筑结构类型和规模不大的建筑装饰工程，其施工组织设计可以编写得简单一些，其内容一般以施工方案、施工进度计划、施工平面图为主，同时辅以简单的文字说明即可。

3．施工组织设计编制方法与程序

施工组织设计编制方法是确定编制主持人、编制人，召开有关单位参加的交底会，拟订总的施工部署，形成初步方案；专业性研究与集中团队智慧相结合；充分发挥各职能部门的作用，发挥企业的技术、管理素质和优势，听取分包单位的意见和要求；提出较完整的方案，组织有关人员及各职能部门进行反复讨论、研究、修改，最后形成正式文件，报请上级主管部门和业主。

装饰工程施工组织设计的编制程序是指对其组成部分形成的先后次序及相互之间的制约关系的处理。其编制程序如图 5-1 所示。

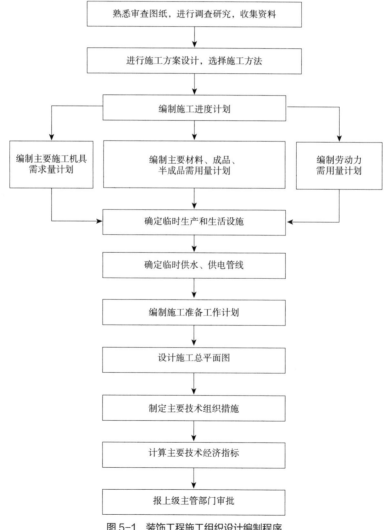

图 5-1　装饰工程施工组织设计编制程序

任务 5.2　专项施工方案内容及编制方法

施工方案是施工组织设计的核心，所确定的施工方案合理与否，不仅影响到施工进度的安排和施工平面图的布置，而且直接关系到工程的施工效率、质量、工期和技术经济效果。

1. 专项施工方案的内容

专项施工方案的内容主要有专项分部分项工程的概况、施工安排、施工进度计划、施工准备与资源配置计划、施工方法与工艺要求、主要施工管理计划等。

2. 专项施工方案的编制方法

（1）工程概况编制

施工方案的工程概况比较简单，一般应对工程的主要情况、设计方案和工程施工条件等重点内容加以简单介绍，重点说明工程的难点和施工特点。

（2）施工安排的编制

专项工程的施工安排包括专项工程的施工目标，施工顺序与施工流水段，施工重点和难点分析及主要管理与技术措施，工程管理组织机构与各单位职责等内容。此内容是施工方案的核心，关系专项工程实施的成败。

工程的重点和难点的设置，主要是根据工程的重要程度，即质量特征值对整个工程质量的影响程度来确定。首先对施工对象进行全面的分析、比较，以明确工程的重点和难点，然后进一步分析所设置的重点和难点在施工中可能出现的问题或质量安全隐患的原因，针对隐患的原因相应地提出对策，加以预防。专项施工方案的技术重点和难点设置应包括设计、计算、详图、文字说明等。

工程管理的组织结构及岗位职责应在施工安排中确定并符合总承包单位的要求。根据分部（分项）工程的规模、特点、复杂程度、目标控制和总承包单位的要求设置项目管理机构，该机构中各种专业人员配备齐全，完善项目管理网络并建立健全岗位责任制。

（3）施工进度计划、施工准备与资源配置计划的编制

①施工进度计划

专项工程施工进度计划应按照施工安排，并结合总承包单位的施工进度计划进行编制。施工进度计划可以采用横道图或网络图表示，并附必要说明。

②施工准备与资源配置计划

施工准备的主要内容包括技术准备、现场准备和资金准备。技术准备包括施工所需技术资料准备、图纸深化和技术交底的要求，试验检验和测试工作计划、样板制作计划以及与相关单位的技术交底计划等。专项工程技术负责人认真查阅技术交底、图纸会审记录、设计工作联系单、甲方工作联系单、监理通知等是否与施工的项目有出入的地方，发现问题立即处理。现场准备包括生产生活等临时设施的施工准备以及与相关单位进行现场交接的计划。资金准备主要包括编制施工进度计划等。

资源配置计划的内容主要包括劳动力配置计划和物资配置计划。劳动力配置计划应根据工程

施工计划要求确定工程用工量并编制专业工种劳动力计划表。物资配置计划包括工程材料和设备配置计划、周转材料和施工机具配置计划以及计量、测量及检测仪器配置计划等。

（4）施工方法及工艺要求

①施工方法。施工方法是工程施工期间所采用的技术方案、工艺流程、组织措施、检验手段等，它直接影响工程进度、质量、安全以及安全成本。施工方法中应进行必要的技术核算，对主要分项（工序）明确施工工艺要求。施工方法比施工组织总设计和单位工程施工组织设计的相关内容更细化。

②施工重点。专项工程施工方法应对易发生质量通病、易出现安全问题、施工难度大、技术含量高的分项工程（工序）等作出重点说明。

③新技术应用。对开发和使用的新技术、新工艺及采用的新材料和新设备，可以采用目前国家和地方推广的，也可以根据工程具体情况由企业创新；对于企业创新的新工艺、新技术，要制定理论和试验研究实施方案，并组织鉴定评价。

④季节性施工措施。对季节性施工应提出具体要求。根据施工地点的气候特点，提出具体有针对性的施工措施。在施工过程中还应根据气象部门的天气预报资料，对具体措施进行细化。

任务 5.3　编制施工组织设计和专项施工方案

装饰工程施工组织设计是规划和指导拟建工程从施工准备到竣工验收全过程施工的技术经济文件，它是施工前的一项重要准备工作，也是施工企业实现生产科学管理的重要手段。专项施工方案是以分部（分项）工程或专项工程为主要对象编制的施工技术与组织方案，用以具体指导其施工过程。

1. 编制内容

单位工程装饰工程施工组织设计的内容一般应包括封面、目录、编制依据、工程概况、施工方案、施工进度计划、施工准备工作及各项资源需要量计划、施工平面图、消防安全文明施工及施工技术质量保证措施、成品保护措施等。根据工程的复杂程度，有些项目可以合并或简单编写。

2. 编制步骤

单位工程装饰工程施工组织设计的编制步骤：熟悉施工图纸、资料，进行现场调查；计算工程量，分析图纸与现场条件是否相符；确定主要项目的施工顺序、方法及工序搭接；编制劳动力、材料机具需用量计划；编制现场准备、技术准备、材料准备计划及施工平面图布置；编制安全、消防、文明施工、质量保证措施及成品保护措施；与施工组织总设计比较并审批。

3. 编制小型装饰工程施工组织设计

小型装饰工程施工组织设计是组织整个装饰工程施工全过程中各项生产技术、经济活动，控制质量、安全等各项目标的综合性管理文件。其正文一般包括编制依据、工程概况、施工部署、施工准备、主要施工方法、主要管理措施、施工总平面图等内容。

（1）小型装饰工程施工组织设计编制技巧

1）熟悉装饰施工图纸，对装饰施工现场实地考察，为制定装饰施工方案确定依据。

2）确定流水施工的主要施工过程，把握工程施工的关键工序，根据设计图纸分段分层计算工程量，为施工进度计划的编制打下基础。

3）根据工程量确定主要施工过程的劳动力、机械台班需求计划，从而确定各施工过程的持续时间，编制施工进度计划，并调整优化。

4）根据装饰施工定额编制资源配置计划。

5）根据资源配置计划和施工现场情况，设计并绘制施工现场平面图。

6）制定相应的技术组织措施。

7）装饰施工组织设计和专项施工方案的编制均应做到技术先进、经济合理、留有余地。

（2）编制小型装饰工程施工组织设计内容

1）封面。一般来说，封面应包含装饰工程名称、施工组织设计、编制单位、日期、编制人、审核人、审批人。在封面上可以打印企业标志，作为企业 CI 系统的体现。

2）目录。目录是为了让施工组织设计的读者或使用者一目了然地了解其内容，并迅速地找到所需要的内容。目录最少应检索到章、节。

3）编制依据。包括以下内容：①本工程的建筑工程施工合同、设计文件；②与工程建设有关的国家、行业和地方法律、法规、规范、规程、标准、图集；③企业技术标准及质量、环境、职业健康安全管理体系文件；④其他有关文件，如建设地区主管部门的批文，施工单位上级下达的施工任务书等。

4）工程概况。①工程建设概况：装饰项目名称、建设地点；工程的建设、设计、监理、总包单位名称；质量要求和造价、工期要求等。②工程装饰设计概况：工程平面组成、层数、层高、建筑面积、装饰面积、装饰主要做法。

5）施工部署。施工部署是对整个工程涉及的人力、资源、时间、空间的总体安排，包括施工顺序、季节施工、立体交叉施工、劳动力和机械设备的投入等。

①项目经理部。组织机构项目经理部应根据工程特点设置足够的岗位，其人员组成以机构框图的形式列出，并应表明三项内容：职务、姓名、职称或执业资格，明确各岗位人员的职责。②施工进度计划。施工进度计划是施工部署在时间上的体现，必须贯彻空间占满、时间连续、均衡协调、留有余地的原则。应组织好装饰各工种的插入、展开、撤场、转换，处理好机械设备进退场。③施工资源计划。施工资源计划包括施工工具计划、原材料计划、施工机械设备计划、测量装置计划、劳动力计划。在施工资源计划中应明确所需物资的型号、数量、进场时间。

6）施工准备。施工准备即完成本装饰工程所需的技术准备工作，如技术培训、图纸会审、测量方案；施工方案编制计划；试验、检测计划；样板间计划；新技术、新工艺、新材料、新设备应用计划等。①装饰工程在编制施工组织设计后，还应对分部分项工程、特殊施工时期（冬期、雨期和高温季节）以及专业性强的项目等编制施工方案，制订各施工方案编制计划。②安全和施工现场临时用电单独编制专项方案。

7）主要施工方法。①流水段划分结合装饰工程的具体情况，分阶段划分施工流水段，并绘制流水段划分图。②分部分项工程施工方法确定影响整个装饰工程的分部分项工程，明确原则性施工要求。如吊顶工程，应确定吊顶的结构形式，对常规做法和工人熟知的操作步骤提出应注意的一些特殊问题。

8）主要管理措施。小型装饰工程的主要管理措施包括工期保证措施、质量保证措施、安全保证措施、消防措施、环境管理措施、文明工地管理措施、职业健康安全管理措施等，其中质量保证、环境管理、职业健康安全管理应有相应的管理体系，并以框图表示。

9）施工总平面图。小型装饰工程施工总平面图的用途为确定材料运输车辆的通道，确定仓库和堆放位置，便于总包单位根据装饰工程的占地需求及时间，统一协调场内的施工。

4．编制一般装饰工程分部（分项）工程施工方案

施工方案是用以指导分项、分部工程或专项工程施工的技术文件，是对施工实施过程中所耗用的劳动力、材料、机械、费用以及工期等在合理组织的条件下，进行技术经济分析，力求采用新技术，从中选择最优施工方法，也即最优方案。

（1）编制一般装饰工程分部（分项）施工方案的步骤

建筑装修工程施工方案的内容，主要包括施工方法和施工机械的选择、施工段的划分、施工开展的顺序以及流水施工的组织安排。装饰工程分部（分项）工程施工方案编制的步骤如下：

1）确定施工程序。建筑装饰工程的施工顺序一般有先室外后室内、先室内后室外及室内外同时进行三种情况。应根据工期要求、劳动力配备情况、气候条件、脚手架类型等因素综合考虑。

①建筑物基体表面的处理。一般要使其粗糙，以加强装饰面层与基层之间的粘结力。对改造工程或旧建筑物上进行二次装饰，应对拆除的部位、数量、拆除物的处理办法等作出明确的规定，以保证装饰施工质量。

②设备安装与装饰工程。先进行设备管线的安装，再进行建筑装饰工程的施工，即按照预埋、封闭和装饰的顺序进行。在预埋阶段，先通风、再水暖管道、后电气线路；在封闭阶段，先墙面、再顶面、后地面；在装饰阶段，先油漆、再裱糊、后面板。

2）确定施工起点和流向

单位工程在平面或空间上开始施工的部位及其流动方向，主要取决于合同规定、保证质量和缩短工期的要求。单层建筑要定出分段施工在平面上的施工流向，多层及高层建筑除了定出每一层在平面上的流向外，还要定出分层施工的流向。确定施工流向时应考虑施工方法，工程各部位的繁简程度，选用的材料，用户生产或使用的需要，设备管道的布置系统等。

3）确定施工顺序

确定装饰分项工程或工序之间的先后顺序。室外装饰的施工顺序有两种：对于外墙湿作业施工，除石材墙面外，一般采用自上而下的施工顺序；而干作业施工一般采用自下而上的施工顺序。室内装饰工程施工的主要内容有：顶棚、地面、墙面的装饰、门窗安装、油漆、制作家具以及相

配套的水、电、风口的安装和灯具洁具的安装。确定施工作业顺序的基本原则是先湿作业、后干作业，先墙顶、后地面，先管线、后饰面。

4）选择施工方法和施工机械

选择施工方法和施工机械是确定施工方案的关键之一，它直接影响施工质量、进度、安全以及施工成本。施工方法选择时，应着重考虑影响整个装饰工程施工的主要部分，应注意内外装饰工程施工顺序，特别是应安排好湿作业、干作业、管线布置等的施工顺序。建筑装饰工程施工所用的机具，除垂直运输和设备安装以外，主要是小型电动机具，如电锤、电动曲线锯、型材切割机、风车锯、电刨、云石机、射钉枪、电动角向磨光机等。选择时应做到：选择适宜的施工机具以及机具型号；在同一施工现场应尽可能减少机具的型号和功能综合的机具，便于机具管理；机具配备时注意与之配套的附件；充分发挥现有机具的作用等。

（2）编制一般装饰工程分部（分项）施工方案的内容

一般装饰工程分部（分项）施工方案应包括目录、工程概况、编制依据、施工部署、主要施工方法、质量要求、其他要求等内容。

1）目录。目录应检索到章、节、段。

2）工程概况。主要描述分部（分项）工程的情况。

3）编制依据。装饰工程施工组织设计中制订的编制计划。参照有关的技术标准。

4）施工部署。施工部署是对分部（分项）工程涉及的人力、资源、时间、空间的总体安排。

5）主要施工方法。详细描述分部（分项）工程的工艺要求。

6）质量要求。详细描述分部（分项）工程质量保证体系、质量目标。

7）其他要求。应说明的其他要求。

任务拓展

课堂训练

1. 民用建筑护栏高度不应小于有关规范要求的数值，高层建筑的护栏高度应再适当提高，但不宜超过_____。

2. 关于分部（分项）工程作业计划，是以_____、_____分部（分项）工程为对象编制的。

3. 建筑装饰工程施工仅属于整个工程的其中几个部分，包含_____、_____、_____等。

扫一扫，查答案（二维码 5-3）

5-3模块五　课堂训练答案及解析

学习思考

1. 施工组织设计的类型有哪些？

2. 施工组织设计编写要求有哪些？

3．施工组织设计编制程序是什么？

4．脚手架工程专项施工方案包括哪些内容？

5-4 某高校实训中心室内装饰设计项目案例

知识链接

企业案例：某高校实训中心室内装饰设计项目案例，扫一扫二维码 5-4。

建筑装饰工程施工工作手册

6

模块六
建筑装饰工程施工技术与交底

任务目标

学习目标：熟悉各种常见抹灰工程、墙柱面装饰工程、楼地面装饰工程、顶棚装饰工程、门窗工程的施工技术要求；掌握一般抹灰、装饰抹灰工程施工工艺要点；掌握饰面板工程、轻钢龙骨隔墙施工工艺要点；掌握陶瓷地砖地面、实木地板地面施工工艺要点；掌握明龙骨、暗龙骨顶棚施工工艺要点；掌握木门窗、铝合金门窗施工工艺要点；能够编制建筑装饰工程施工技术交底文件。

素质目标：本模块内容将培养学生求真务实、攻坚克难的劳动精神。通过对建筑装饰施工技术的学习，有机融入求真务实、精益求精的劳动精神，让学生感受施工过程中的技术魅力，培养学生攻坚克难、不忘初心、牢记使命、精雕细琢的大国工匠精神。

6-1 动画演示：抹灰施工工艺

6-2 动画演示：墙面贴砖施工工艺

6-3 动画演示：实木地板施工工艺

6-4 动画演示：轻钢龙骨纸面石膏板吊顶施工工艺

6-5 动画演示：木门安装施工工艺

6-6 某图书馆装饰工程投标文件

任务导学

扫描二维码 6-1~ 二维码 6-6 观看动画演示和企业案例：抹灰施工工艺、墙面贴砖施工工艺、实木地板施工工艺、轻钢龙骨纸面石膏板吊顶施工工艺、木门安装施工工艺、某图书馆装饰工程投标文件，观看后思考以下问题：

1. 抹灰工程施工有哪些分类？
2. 墙柱面装饰工程施工有哪些分类？
3. 楼地面装饰工程施工有哪些分类？
4. 顶棚装饰工程施工有哪些分类？
5. 如何编制技术交底文件资料？

任务实施

任务 6.1　抹灰工程施工技术

抹灰是用砂浆、水泥石子浆等涂抹在建筑结构的表面上，直接做成饰面层的装饰。抹灰工程是最为直接也是最初始的装饰工程。抹灰工程按使用材料和装饰效果不同，可分为一般抹灰、装饰抹灰和特种抹灰三类；按工程部位不同，又可分为墙面抹灰、顶棚抹灰和地面抹灰三种。一般抹灰所用的材料有：水泥砂浆、水泥混合砂浆、聚合物水泥砂浆、石灰砂浆、麻刀石灰、纸筋石灰、石膏灰等。抹灰分为一般抹灰、高级抹灰。一般抹灰要求做一层底层和一层面层；高级抹灰要求做一层底层、一层中层和一层面层（图 6-1，抹灰工程）。

1．一般抹灰施工技术

（1）作业条件

1）必须经过有关部门进行结构工程质量验收。

2）已检查、核对门窗框位置、尺寸的正确性。特别是外窗上下垂直、左右水平是否符合要求。

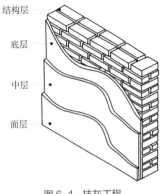

图 6-1　抹灰工程

3）管道穿越的墙洞和楼板洞，应及时安放套管，并用 1：3 水泥砂浆或细石混凝土填塞密实；电线管、消火栓箱、配电箱安装完毕，并将背后露明部分钉好钢丝网；接线盒用纸堵严。

4）壁柜、门框及其他预埋铁件位置和标高应准确无误，并做好防腐、防锈处理。

5）根据室内高度和抹灰现场的具体情况，提前搭好抹灰操作用的高凳和架子，架子要离开墙面及墙角 200~250mm，以便于操作。

6）已将混凝土墙、顶板等表面凸出部分剔平；对蜂窝、麻面、露筋等应剔到实处，后用 1：3 水泥砂浆分层补平，将外露钢筋头和铅丝头等清除掉。

7）已用笤帚将顶、墙清扫干净，如有油渍或粉状隔离剂，应用 10% 火碱水刷洗、清水冲净，或用钢丝刷子彻底刷干净。

8）基层已按要求进行处理；并完善相关验收签字手续。

9）抹灰前一天，墙、顶应浇水湿润，抹灰时再用笤帚洒水或喷水湿润。楼地面已打扫干净。

（2）墙体抹灰要求

1）砌块墙体抹灰应待砌体充分收缩稳定后进行。

2）加气混凝土、混凝土空心砌块墙体双面满铺钢丝网，并与梁、柱、剪力墙界面搭接宽100mm。其他墙体与框架梁、柱、板及构造柱、剪力墙界面处双面通长设置 200mm 宽的钢丝网。

3）埋设暗管、暗线等孔间隙应用细石混凝土填实。

4）墙体抹灰材料尽可能采用粗砂。

5）墙体抹灰前应均匀洒水湿润。

（3）施工操作工艺

1）工艺流程

6-7 动画演示：室内墙面抹灰工艺

基层处理→挂钢丝网→吊直、套方、找规矩、贴灰饼→墙面冲筋（设置标筋）→抹底层灰→抹中层灰→抹面层灰→清理。

▦▦ 动画演示：室内墙面抹灰工艺，扫一扫二维码 6-7。

2）操作工艺

①基层处理。混凝土墙面、加气混凝土墙面：用 1：1 水泥砂浆内掺用水量 20% 的 802 胶，喷或用笤帚将砂浆甩到上面，其甩点要均匀，凝结后浇水养护，直至水泥砂浆全部粘满混凝土光面上，并有较高的强度。其他砌体墙面：基层清理干净，多余的砂浆已剔打完毕。对缺棱掉角的墙，用 1：3 水泥砂浆内掺用水量 20% 的 802 胶拌匀分层抹平，并注意养护。

②挂钢丝网：加气混凝土砌块、混凝土空心砌块墙体双面满铺钢丝网，并与梁、柱、剪力墙界面搭接宽 100mm。其他墙体与框架梁、柱、板及构造柱、剪力墙界面处双面通长设置 200mm 宽的钢丝网。用射钉或水泥浆将钢丝网固定在墙面基层上。

③吊直、套方、找规矩、贴灰饼：根据基层表面平整、垂直情况，按检验标准要求，经检查后确定抹灰层厚度，按普通抹灰标准及相关要求，不应小于 7mm。墙面凹度较大时要分层操作。用线坠、方尺、拉通线等方法贴灰饼，用托线板找好垂直，灰饼宜用 1∶3 水泥砂浆做成 50mm 见方，水平距离约为 1.2~1.5m。

④墙面冲筋（设置标筋）：根据灰饼，用与抹灰层相同的 1∶3 水泥砂浆冲筋（标筋），冲筋的根数应根据房间的高度或宽度来决定，筋宽约为 50mm 左右。

⑤抹底层灰：冲筋有一定强度后，洒水润湿墙面，然后在两筋之间用力抹上底灰，用木抹子压实搓毛。底层灰应略低于冲筋，约为标筋厚度的 2/3，从上向下抹。

⑥抹中层灰：中层灰应在底层灰干至 6~7 成后进行。抹灰厚度以垫平冲筋为准，并使其稍高于冲筋。抹上砂浆后，用木杠按标筋刮平，刮平后紧接着用木抹子搓压，使表面平整密实。

⑦抹面层灰：操作应从阴角开始，最好两人同时操作，一人在前面上灰，另一人紧跟在后找平整，并用铁抹子压实赶光。阴阳角处用阴阳角抹子捋光，并用毛刷蘸水将门窗圆角等处清理干净。

⑧清理：抹面层灰完工后，应注意对抹灰部分的保护，墙上浮灰污物需用 0 号砂纸磨平，补抹腻子灰。

（4）质量验收标准

适用于石灰砂浆、水泥砂浆、水泥混合砂浆、聚合物水泥砂浆和麻刀石灰、纸筋石灰、石膏灰等一般抹灰工程的质量验收。一般抹灰工程分为普通抹灰和高级抹灰，当设计无要求时，按普通抹灰验收。

1）主控项目

①抹灰前基层表面的尘土、污垢、油渍等应清除干净，并应洒水润湿。

检验方法：检查施工记录。

②一般抹灰所用材料的品种和性能应符合设计要求。水泥的凝结时间和安定性复验应合格。砂浆的配合比应符合设计要求。

检验方法：检查产品合格证书、进场验收记录、复验报告和施工记录。

③抹灰工程应分层进行。当抹灰总厚度大于或等于 35mm 时，应采取加强措施。不同材料基体交接处表面的抹灰，应采取防止开裂的加强措施，当采用加强网时，加强网与各基体的搭接宽度不应小于 100mm。

检验方法：检查隐蔽工程验收记录和施工记录。

④抹灰层与基层之间及各抹灰层之间必须粘结牢固，抹灰层应无脱层、空鼓，面层应无爆灰和裂缝。

检验方法：观察；用小锤轻击检查；检查施工记录。

2) 一般项目

①一般抹灰工程的表面质量应符合下列规定:

a.普通抹灰表面应光滑、洁净、接槎平整,分格缝应清晰。

b.高级抹灰表面应光滑、洁净、颜色均匀、无抹纹,分格缝和灰线应清晰美观。

检验方法:观察;手摸检查。

②护角、孔洞、槽、盒周围的抹灰表面应整齐、光滑;管道后面的抹灰表面应平整。

检验方法:观察。

③抹灰层的总厚度应符合设计要求;水泥砂浆不得抹在石灰砂浆层上;罩面石膏灰不得抹在水泥砂浆层上。

检验方法:检查施工记录。

④抹灰分格缝的设置应符合设计要求,宽度和深度应均匀,表面应光滑,棱角应整齐。

检验方法:观察;尺量检查。

⑤有排水要求的部位应做滴水线(槽)。滴水线(槽)应整齐顺直,滴水线应内高外低,滴水槽的宽度和深度均不应小于10mm。

检验方法:观察;尺量检查。

⑥一般抹灰工程质量的允许偏差和检验方法应符合表6-1规定。

一般抹灰工程质量的允许偏差和检验方法 表6-1

项次	项目	允许偏差 (mm)		检验方法
		普通抹灰	高级抹灰	
1	立面垂直度	4	3	用2m垂直检测尺检查
2	表面平整度	4	3	用2m靠尺和塞尺检查
3	阴阳角方正	4	3	用直角检测尺检查
4	分格缝直线度	4	3	拉5m线,不足5m拉通线、用钢直尺检查
5	墙裙、勒脚上口直线度	4	3	拉5m线,不足5m拉通线、用钢直尺检查

2. 装饰抹灰工程施工技术

装饰抹灰是指在建筑墙面涂抹水刷石、斩假石、干粘石、假面砖等。

6-8 动画演示:室外墙面抹灰工艺

动画演示:室外墙面抹灰工艺,扫一扫二维码6-8。

(1) 水刷石的施工技术要求

1) 工艺流程

基层清(处)理→洒水湿润→吊垂直、套方、找规矩、抹灰饼、冲筋→抹底层灰浆→弹线分线、镶分格条→抹面层石渣浆→修整、赶实、压光、喷刷→起分格条、勾缝→保护成品。

2）施工要求

①水刷石装饰抹灰的底层抹灰与一般抹灰工程的技术要求相同。

②抹石渣面层。石渣面层抹灰前，应洒水湿润底层灰，并做一道结合层，随做结合层随抹面层石渣浆。石渣面层抹灰应拍平压实，拍平时应注意阴阳角处石渣的饱满度。压实后尽量保证石渣大面朝上，并宜高于分格条 1mm。

③修整、赶实压光、喷刷。待石渣抹灰层初凝（指捺无痕），用水刷子刷不掉石粒，开始刷洗面层水泥浆。喷刷宜分两遍进行，喷刷应均匀，石子宜露出表面 1~2mm。

（2）斩假石的施工技术要求

1）工艺流程

基层清（处）理→洒水湿润→吊垂直、套方、找规矩、抹灰饼、冲筋→抹底层灰浆→弹线分格、镶分格条→抹面层石渣灰→养护→弹线分条块→面层斩剁（剁石）。

2）施工要求

①斩假石装饰抹灰的底层抹灰施工要求与一般抹灰工程的技术要求相同。

②抹面层石渣灰。面层石渣抹灰前洒水均匀，湿润基层，做一道结合层，随即抹面层石渣灰。抹灰厚度应稍高于分格条，用专用工具刮平、压实，使石渣均匀露出，并做好养护。

③面层斩剁（剁石）。

a. 控制斩剁时间：常温下 3 天后或面层达到设计强度 60%~70% 时即可进行。大面积施工应先试剁，以石渣不脱落为宜。

b. 控制斩剁流向：斩剁应自上而下进行，首先将四周边缘和棱角部位仔细剁好，再剁中间大面。若有分格，每剁一行应随时将上面部位和竖向分格条取出。

c. 控制斩剁深度：斩剁深度宜剁掉表面石渣粒径的 1/3。

d. 控制斩剁遍数：斩剁时宜先轻剁一遍，再盖着前一遍的剁纹剁出深痕，操作时用力应均匀，移动速度应一致，不得出现漏剁。

（3）干粘石的施工技术要求

1）工艺流程

基层清（处）理→洒水湿润→吊垂直、套方、找规矩、抹灰饼、冲筋→抹底层灰浆→弹线分格、镶分格条→抹面层粘结灰浆、撒石粒、拍平、修整→起条、勾缝→成品保护。

2）施工要求

①干粘石装饰抹灰的底层抹灰与一般抹灰工程的技术要求相同。

②抹粘结层砂浆。粘结层抹灰厚度以所使用石子的最大粒径确定。粘结层抹灰宜两遍成活。

③撒石粒（甩石子）。随粘结层抹灰进度向粘结层甩粘石子。石子应用严、甩均匀，并用钢抹子将石子均匀地拍入粘结层，石子嵌入砂浆的深度以不小于粒径的 1/2 为宜，并应拍实、拍严。粘石施工应先做小面，后做大面。

④拍平、修整、处理黑边。拍平、修整要在水泥初凝前进行，先拍压边缘，而后中间，拍压要轻重结合、均匀一致。拍压完成后，应对已粘石面层进行检查，发现阴阳角不顺直、表面

不平坦、黑边等问题，及时处理。

（4）假面砖的施工技术要求

1）施工工艺

基层清（处）理→洒水湿润→吊垂直、套方、找规矩、抹灰饼、冲筋→抹底层灰浆→抹中层灰→抹面层灰→做面砖→养护。

2）施工要求

①假面砖基层、底层、面层抹灰的要求与一般抹灰工程的技术要求相同。

②做面砖施工时，待面层砂浆稍收水后，先用铁梳子沿靠尺由上向下划纹，深度控制在1~2mm为宜，然后再根据标准砖的宽度用铁皮刨子沿靠尺横向划沟，沟深为3~4mm，深度以露出底层灰为准。

（5）质量验收标准

适用于水刷石、斩假石、干粘石、假面砖等装饰抹灰工程的质量验收。

1）主控项目

①抹灰前基层表面的尘土、污垢、油渍等应清除干净，并应洒水润湿。

检验方法：检查施工记录。

②装饰抹灰工程所用材料的品种和性能应符合设计要求。水泥的凝结时间和安定性复验应合格。砂浆的配合比应符合设计要求。

检验方法：检查产品合格证书、进场验收记录、复验报告和施工记录。

③抹灰工程应分层进行。当抹灰总厚度大于或等于35mm时，应采取加强措施。不同材料基体交接处表面的抹灰，应采取防止开裂的加强措施，当采用加强网时，加强网与各基体的搭接宽度不应小于100mm。

检验方法：检查隐蔽工程验收记录和施工记录。

④各抹灰层之间及抹灰层与基体之间必须粘结牢固，抹灰层应无脱层、空鼓和裂缝。

检验方法：观察；用小锤轻击检查；检查施工记录。

2）一般项目

①装饰抹灰工程的表面质量应符合下列规定：

a. 水刷石表面应石粒清晰、分布均匀、紧密平整、色泽一致，应无掉粒和接槎痕迹。

b. 斩假石表面剁纹应均匀顺直、深浅一致，应无漏剁处；阳角处应横剁并留出宽窄一致的不剁边条，棱角应无损坏。

c. 干粘石表面应色泽一致、不露浆、不漏粘，石粒应粘结牢固、分布均匀，阳角处应无明显黑边。

d. 假面砖表面应平整、沟纹清晰、留缝整齐、色泽一致，应无掉角、脱皮、起砂等缺陷。

检验方法：观察；手摸检查。

②装饰抹灰分格条（缝）的设置应符合设计要求，宽度和深度应均匀，表面应平整光滑，棱角应整齐。

检验方法：观察。

③有排水要求的部位应做滴水线（槽）。滴水线（槽）应整齐顺直，滴水线应内高外低，滴水槽的宽度和深度均不应小于 10mm。

检验方法：观察；尺量检查。

④装饰抹灰工程的允许偏差和检验方法应符合表 6-2 规定。

装饰抹灰工程的允许偏差和检验方法 表 6-2

项次	项目	允许偏差（mm）				检验方法
		水刷石	斩假石	干粘石	假面砖	
1	立面垂直度	5	4	5	5	用 2m 垂直检测尺检查
2	表面平整度	3	3	5	4	用 2m 靠尺和塞尺检查
3	阴阳角方正	3	3	4	4	用直角检测尺检查
4	分格缝直线度	3	3	3	3	拉 5m 线，不足 5m 拉通线，用钢直尺检查
5	墙裙、勒脚上口直线度	3	3	—	—	拉 5m 线，不足 5m 拉通线，用钢直尺检查

任务 6.2 墙柱面装饰工程施工技术

建筑墙体和柱体既是支撑楼板的承重结构构件，又是影响建筑立面效果的装饰构件，是建筑室内外空间的界面，其装饰效果对建筑空间环境效果的影响很大，是建筑室内外装饰工程的主要部分之一。建筑装饰墙柱面工程按照部位分类有外墙（柱）、内墙（柱），因其所处的位置不同，分别需要采用不同的材料、构造和施工工艺。建筑装饰墙柱面工程按照施工工艺分类有贴面、涂刷、镶板、干挂、裱糊等施工方法和工艺，分别适合于不同位置、不同功能、不同造价、不同业主的建筑装饰工程（图 6-2，墙柱面工程）。

图6-2 墙柱面工程

1. 饰面板工程施工技术

饰面板工程施工技术要求（以大理石、花岗石饰面板干挂安装为例）适用于室内外的墙、柱面和门窗套干挂石材饰面板的工程施工。

（1）施工准备

1）材料

①石材：石材的材质、品种、规格、颜色及花纹应符合设计要求，并应符合国家现行标准。

②辅料：型钢骨架、金属挂件、不锈钢挂件、膨胀螺栓、金属连接件、不锈钢连接挂件以及配套的垫板、垫圈、螺母以及与骨架固定的各种所需配件，其材质、品种、规格、质量应符合要求。石材防护剂、石材胶粘剂、耐候密封胶、防水胶、嵌缝胶、嵌缝胶条、防腐涂料应有出厂合格证和说明，并应符合环保要求。各种胶应进行相容性试验。

2）主要机具：石材切割机、砂轮切割机、云石机、磨光机、角磨机、冲击钻、台钻、电焊机、射钉枪、注胶枪、吸盘、钢尺、靠尺、方尺、塞尺、托线板、水平尺等。

3）作业条件

①主体结构施工完成并经检验合格，结构基层已经处理完成并验收合格。

②石材已经进场，其质量、规格、品种、数量、力学性能和物理性能符合设计要求和国家现行标准，石材表面应涂刷防护剂。

③其他配套材料已进场，并经检验复试合格。

④墙、柱面上的各种专业管线、设备、预留预埋件已安装完成，经检验合格，并办理交接手续。

⑤门、窗已安装完，各处水平标高控制线测设完毕，并预检合格。

⑥施工所需的脚手架已经搭设完，垂直运输设备已安装好，符合使用要求和安全规定，并经检验合格。

⑦施工现场所需的临时用水，用电，各种工、机具准备就绪。

⑧熟悉施工图纸及设计说明，根据现场施工条件进行必要的测量放线，对各个标高、各种洞口的尺寸、位置进行校核。

（2）施工操作工艺

1）工艺流程

石材表面处理→石材安装前准备→放线及基层处理→主龙骨安装→次龙骨安装→石材安装→石材板缝处理→表面清洗。

6-9动画演示：墙面短槽石材干挂

▦ 动画演示：墙面短槽石材干挂，扫一扫二维码6-9。

2）操作工艺

①石材表面处理：石材表面应干燥，一般含水率应不大于8%，按防护剂使用说明对石材表面进行防护处理。操作时将石材板的正面朝下平放于两根方木上，用羊毛刷蘸防护剂，均匀涂刷于石材板的背面和四个边的小面，涂刷必须到位，不得漏刷。待第一道涂刷完24小时后，刷第二道防护剂。第二道刷完24小时后，将石材板翻成正面朝上，涂刷正面，方法与要求和背面涂刷相同。

②石材安装前准备：先对石材板进行挑选，使同一立面或相邻两立面的石材板色泽、花纹一致，挑出色差、纹路相差较大的不用或用于不明显部位。石材板选好进行钻孔、开槽，为保证孔槽的位置准确、垂直，应制作一个定型托架，将石材板放在托架上作业。钻孔时应使钻头与钻孔面垂直，开槽时应使切割片与开槽垂直，确保成孔、槽后准确无误。孔、槽的形状尺寸应按设计要求确定。

③放线及基层处理：对安装石材的结构表面进行清理。然后吊直、套方、找规矩，弹出垂直线、水平线、标高控制线。根据深化设计的排板、骨架大样图弹出骨架和石材板块的安装位置线，并确定出固定连接件的膨胀螺栓安装位置。核对预埋件的位置和分布是否满足安装要求。

④干挂石材安装。

a．主龙骨安装：主龙骨一般采用竖向安装。材质、规格、型号按设计要求选用。安装时先按主龙骨安装位置线，在结构墙体上用膨胀螺栓或化学锚栓固定角码，通常角码在主龙骨两侧面对面设置。然后将主龙骨卡入角码之间，采用贴角焊与角码焊接牢固。焊接处应刷防锈漆。主龙骨安装时应先临时固定，然后拉通线进行调整，待调平、调正、调垂直后再进行固定或焊接。

b．次龙骨安装：次龙骨的材质、规格、型号、布置间距及与主龙骨的连接方式按设计要求确定。沿高度方向固定在每一道石材的水平接缝处，次龙骨与主龙骨的连接一般采用焊接，也可用螺栓连接。焊缝防腐处理同主龙骨。

c．石材安装：石材与次龙骨的连接采用"T"形不锈钢专用连接件。不锈钢专用连接件与石材侧边安装槽缝之间，灌注石材胶。连接件的间距宜不大于600mm。安装时应边安装、边进行调整，保证接缝均匀顺直，表面平整。

⑤石材板缝处理：打胶前应在板缝两边的石材上粘贴美纹纸，以防污染石材，美纹纸的边缘要贴齐、贴严，将缝内杂物清理干净，并在缝隙内填入泡沫填充（棒）条，填充的泡沫（棒）条固定好，最后用胶枪把嵌缝胶打入缝内，待胶凝固后撕去美纹纸。打胶成活后一般低于石材表面5mm，呈半圆凹状。嵌缝胶的品种、型号、颜色应按设计要求选用并做相容性试验。在底层石板缝打胶时，注意不要堵塞排水管。

⑥表面清洗：采用柔软的布或棉丝擦拭，对于有胶或其他粘结牢固的污物，可用开刀轻轻铲除，再用专用清洁剂清除干净，必要时进行罩面剂的涂刷以提高观感质量。

（3）质量验收标准

适用于内墙饰面板安装工程和高度不大于24m、抗震设防烈度不大于7度的外墙饰面板安装工程的质量验收。

1）检验批的划分和抽检数量

①相同材料、工艺和施工条件的室内饰面板（砖）工程每50间（大面积房间和走廊按施工面积30m² 为一间）应划分为一个检验批，不足50间也应划分为一个检验批。

②相同材料、工艺和施工条件的室外饰面板（砖）工程每500~1000m 应划分为一个检验批，

不足 500m² 也应划分为一个检验批。

③室内每个检验批应至少抽查 10%，并不得少于 3 间，不足 3 间时应全数检查。

④室外每个检验批每 100m² 应至少抽查一处，每处不得小于 10m²。

2）主控项目

①饰面板的品种、规格、颜色和性能应符合设计要求，木龙骨、木饰面板和塑料饰面板的燃烧性能等级应符合设计要求。

检验方法：观察；检查产品合格证书、进场验收记录和性能检测报告。

②饰面板孔、槽的数量、位置和尺寸应符合设计要求。

检验方法：检查进场验收记录和施工记录。

③饰面板安装工程的预埋件（或后置埋件）、连接件的数量、规格、位置、连接方法和防腐处理必须符合设计要求。后置埋件的现场拉拔强度必须符合设计要求。饰面板安装必须牢固。

检验方法：手扳检查；检查进场验收记录、现场拉拔检测报告、隐蔽工程验收记录和施工记录。

3）一般项目

①饰面板表面应平整、洁净、色泽一致，无裂痕和缺损。石材表面应无泛碱等污染。

检验方法：观察。

②饰面板嵌缝应密实、平直，宽度和深度应符合设计要求，嵌填材料色泽应一致。

检验方法：观察；尺量检查。

③采用湿作业法施工的饰面板工程，石材应进行防碱背涂处理。饰面板与基体之间的灌注材料应饱满、密实。

检验方法：用小锤轻击检查；检查施工记录。

④饰面板上的孔洞应套割吻合、边缘整齐。

检验方法：观察。

⑤饰面板安装的允许偏差和检验方法应符合表 6-3 规定。

饰面板安装的允许偏差和检验方法　　　　　　　　　　　　　　　　表 6-3

项次	项目	允许偏差（mm）							检验方法
		石材			瓷板	木材	塑料	金属	
		光面	剁斧石	蘑菇石					
1	立面垂直度	2	3	3	2	1.5	2	2	用 2m 垂直检测尺检查
2	表面平整度	2	3	—	1.5	1	3	3	用 2m 靠尺和塞尺检查
3	阴阳角方正	2	4	4	2	1.5	3	3	用直角检测尺检查
4	接缝直线度	2	4	4	2	1	1	1	拉 5m 线，不足 5m 拉通线，用钢直尺检查

续表

项次	项目	允许偏差（mm）							检验方法
		石材			瓷板	木材	塑料	金属	
		光面	剁斧石	蘑菇石					
5	墙裙、勒脚上口直线度	2	3	3	2	2	2	2	拉 5m 线，不足 5m 拉通线，用钢直尺检查
6	接缝高低差	0.5	3	—	0.5	0.5	1	1	用钢直尺和塞尺检查
7	接缝宽度	1	2	2	1	1	1	1	用钢直尺检查

2. 轻钢龙骨隔墙施工技术

（1）施工前准备工作

1）主要材料及配件要求

①轻钢龙骨主件：沿顶龙骨、沿地龙骨、加强龙骨、竖向龙骨、横向龙骨应符合设计要求。

②轻钢骨架配件：支撑卡、卡托、角托、连接件、固定件、附墙龙骨、压条等附件应符合设计要求。

③紧固材料：射钉、膨胀螺栓、镀锌自攻螺栓、木螺钉和粘结嵌缝料应符合设计要求。

④填充隔声材料：按设计要求选用。

⑤饰面板材：纸面石膏板规格、厚度由设计人员或按图纸要求选定。

2）主要机具：直流电焊机、电动无齿锯、手电钻、螺丝刀、射钉枪、线坠、靠尺等。

3）作业条件

①轻钢骨架、石膏饰面板隔墙施工前应先完成基本的验收工作，石膏饰面板安装应待屋面、顶棚和墙抹灰完成后进行。

②设计要求隔墙有地枕带时，应待地枕带施工完毕，并达到设计程度后，方可进行轻钢骨架安装。

③根据设计施工图和材料计划，查实隔墙的全部材料，使其配套齐备。

④所有的材料，必须有材料检测报告、合格证。

（2）工艺流程

放线→安装门洞口框→安装沿顶龙骨和沿地龙骨→竖向龙骨分档→安装竖向龙骨→安装横向卡档龙骨→安装石膏饰面板→接缝做法→面层施工。

动画演示：轻质隔墙施工，扫一扫二维码 6-10。

1）放线：根据设计施工图，在已做好的地面或地枕带上，放出隔墙位置线、门窗洞口边框线，并放好顶龙骨位置边线。

6-10 动画演示：轻质隔墙施工

2）安装门洞口框：放线后按设计，先将隔墙的门洞口框安装完毕。

3）安装沿顶龙骨和沿地龙骨：按已放好的隔墙位置线安装顶龙骨和地龙

骨，用射钉固定于主体上，其射钉钉距为 600mm。

4）竖龙骨分档：根据隔墙放线门洞口位置，在安装顶、地龙骨后，按饰面板的规格 900mm 或 1200mm 板宽，分档规格尺寸为 450mm，不足模数的分档应避开门洞口框边第一块饰面板位置，使破边石膏饰面板不在靠洞框处。

5）安装竖向龙骨：按分档位置安装竖龙骨，竖龙骨上下两端插入沿顶龙骨及沿地龙骨，调整垂直及定位准确后，用抽心铆钉固定；靠墙、柱边龙骨用射钉或木螺钉与墙、柱固定，钉距为 1000mm。

6）安装横向卡档龙骨：根据设计要求，隔墙高度大于 3m 时应加横向卡档龙骨，采用抽心铆钉或螺栓固定。

7）安装石膏饰面板

①检查龙骨安装质量、门洞口框是否符合设计及构造要求，龙骨间距是否符合石膏板宽度的模数。

②安装一侧的纸面石膏板，从门口处开始，无门洞口的墙体由墙的一端开始，石膏板一般用自攻螺栓固定，板边钉距为 200mm，板中钉距为 300mm，螺栓距石膏板边缘的距离不得小于 10mm，也不得大于 16mm，自攻螺栓固定时，纸面石膏板必须与龙骨紧靠。

③安装墙体内电管、电盒和电箱设备。

④安装墙体内防火、隔声、防潮填充材料，与另一侧纸面石膏板同时进行安装填入。

⑤安装墙体另一侧纸面石膏板：安装方法同第一侧纸面石膏板，其接缝应与第一侧面板错开。

⑥安装双层纸面石膏板：第二层板的固定方法与第一层相同，但第二层板的接缝应与第一层错开，不能与第一层的接缝落在同一龙骨上。

8）接缝做法：纸面石膏板接缝做法有三种形式，即平缝、凹缝和压条缝。可按以下程序处理。

①刮嵌缝腻子：刮嵌缝腻子前先将接缝内浮土清除干净，用小刮刀把腻子嵌入板缝，与板面填实刮平。

②粘贴拉结带：待嵌缝腻子凝固后即粘贴拉接材料，先在接缝上薄刮一层稠度较稀的胶状腻子，厚度为 1mm，宽度为拉结带宽，随即粘贴拉结带，用中刮刀从上而下一个方向刮平压实，赶出胶腻子与拉结带之间的气泡。

③刮中层腻子：拉结带粘贴后，立即在上面再刮一层比拉结带宽 80mm 左右，厚度约 1mm 的中层腻子，使拉结带埋入这层腻子中。

④找平腻子：用大刮刀将腻子填满楔形槽与板抹平。

9）面层施工：墙面装饰、纸面石膏板墙面，根据设计要求，可做各种饰面。

（3）质量标准

骨架隔墙工程的检查数量应符合下列规定：每个检验批应至少抽查 10%，并不得少于 3 间，不足 3 间时应全数检查。

1）主控项目

①骨架隔墙所用龙骨、配件、墙面板、填充材料及嵌缝材料的品种、规格、性能和木材的含水率应符合设计要求。有隔声、隔热、阻燃、防潮等特殊要求的工程，材料应有相应性能等级的检测报告。

检验方法：观察；检查产品合格证书、进场验收记录、性能检测报告和复验报告。

②骨架隔墙工程边框龙骨必须与基体结构连接牢固，并应平整、垂直、位置正确。

检验方法：手扳检查；尺量检查；检查隐蔽工程验收记录。

③骨架隔墙中龙骨间距和构造连接方法应符合设计要求。骨架内设备管线的安装、门窗洞口等部位加强龙骨应安装牢固、位置正确，填充材料的设置应符合设计要求。

检验方法：检查隐蔽工程验收记录。

④木龙骨及木墙面板的防火和防腐处理必须符合设计要求。

检验方法：检查隐蔽工程验收记录。

⑤骨架隔墙的墙面板应安装牢固，无脱层、翘曲、折裂及缺损。

检验方法：观察；手扳检查。

⑥墙面板所用接缝材料的接缝方法应符合设计要求。

检验方法：观察。

2）一般项目

①骨架隔墙表面应平整光滑、色泽一致、洁净、无裂缝，接缝应均匀、顺直。

检验方法：观察；手摸检查。

②骨架隔墙上的孔洞、槽、盒应位置正确、套割吻合、边缘整齐。

检验方法：观察。

③骨架隔墙内的填充材料应干燥，填充应密实、均匀、无下坠。

检验方法：轻敲检查；检查隐蔽工程验收记录。

④骨架隔墙安装的允许偏差和检验方法应符合表 6-4 的规定。

骨架隔墙安装的允许偏差和检验方法　　　　　　　表 6-4

项次	项目	允许偏差（mm）		检验方法
		纸面石膏板	人造木板、水泥纤维板	
1	立面垂直度	3	4	用 2m 垂直检测尺检查
2	表面平整度	3	3	用 2m 靠尺和塞尺检查
3	阴阳角方正	3	3	用直角检测尺检查
4	接缝直线度	—	3	拉 5m 线，不足 5m 拉通线，用钢直尺检查
5	压条直线度	—	3	拉 5m 线，不足 5m 拉通线，用钢直尺检查
6	接缝高低差	1	1	用钢直尺和塞尺检查

3. 墙柱面装饰工程施工技术信息化资源列表

墙柱面装饰工程施工动画演示信息化资源见表 6-5。

墙柱面装饰工程施工动画演示信息化资源　　　　　　　　　　　　　　表 6-5

序号	项目名称	二维码
1	柱面木饰面板制作施工动画	6-11 柱面木饰面板制作施工动画
2	木龙骨木饰面板制作施工动画	6-12 木龙骨木饰面板制作施工动画
3	木丝吸声板施工工艺动画	6-13 木丝吸声板施工工艺动画
4	墙面软包造型施工工艺动画	6-14 墙面软包造型施工工艺动画
5	墙（柱）面硬包施工工艺动画	6-15 墙（柱）面硬包施工工艺动画

序号	项目名称	二维码
6	 壁纸施工工艺动画	6-16 壁纸施工工艺动画
7	 墙柱面乳胶漆施工动画	6-17 墙柱面乳胶漆施工动画
8	 马赛克墙面施工工艺动画	6-18 马赛克墙面施工工艺动画
9	 柱面玻璃饰面造型施工动画	6-19 柱面玻璃饰面造型施工动画
10	 柱面背栓石材干挂施工动画	6-20 柱面背栓石材干挂施工动画

续表

序号	项目名称	二维码
11	石材幕墙施工工艺动画	6-21 石材幕墙施工工艺动画
12	墙面铝板造型施工动画	6-22 墙面铝板造型施工动画

任务 6.3　楼地面装饰工程施工技术

楼地面是建筑物底层地面（地面）和楼层地面（楼面）的总称，并包含室外散水、明沟、踏步、台阶、坡道等，是建筑物的主要组成部分。它们是建筑工程提供给地面装饰工程的基础，属于土建地面。楼地面装饰是在地面垫层和楼板表面所做的饰面层，用以满足各项使用功能。楼地面装饰工程是指由施工操作人员依据楼地面的功能及设计要求，通过使用不同质地和色彩的建筑装饰材料，运用不同的施工工艺和设备，按照设计构造层次完成的装饰施工过程（图6-3，楼地面工程）。

图6-3　楼地面工程

1. 陶瓷地砖地面施工技术

（1）施工准备

1）陶瓷地砖地面材料

陶瓷地砖地面材料包含陶瓷地砖、勾缝砂浆、水泥、砂。陶瓷地砖：劈离砖、玻化砖、麻面砖等符合设计要求和质量标准；勾缝砂浆：由水泥、砂、颜料（需要彩色砂浆时）拌制而成，水泥强度等级为42.5级的普通硅酸盐水泥或32.5级的白色硅酸盐水泥，砂为中砂或细砂，过筛应洁净无杂物，颜料为耐光、耐碱的矿物颜料；水泥：强度等级为42.5级的普通硅酸盐水泥；砂为粗砂或中砂，含泥量不应大于3%，过筛应洁净无杂物。

2）技术准备

①进行图纸会审，复核设计做法是否符合现行国家标准的要求，并掌握施工图中细部构造及有关技术要求。

②瓷砖地砖地面施工前应先进行深化设计并经过审批，深化设计内容包括：地面面层材料构造做法表、地面排版图、地面细部节点深化设计。

③编制楼地面工程施工方案。

3）施工机具

①机械设备：砂浆搅拌机、切割机、磨石机、角磨机、瓷砖切割机等。

②主要工具：筛子、橡皮锤、墨斗、手推车、铁锹、铁抹子、皮桶等。

③检测工具：激光水准仪、水平尺、响鼓锤、2m靠尺、钢尺、楔形塞尺等。

（2）施工操作工艺

1）工艺流程

清理基层→找标高→排砖→铺砂浆结合层→铺砖→养护→勾缝、擦缝。

6-23动画演示：瓷砖铺贴施工工艺

📺 动画演示：瓷砖铺贴施工工艺，扫一扫二维码 6-23。

2）施工操作要点

①清理基层

把粘结在混凝土基层上的浮浆、松动混凝土、砂浆等剔掉，用钢丝刷刷掉水泥浆皮，清扫干净。当其下一层有松散填充料时，应予以铺平振实。

②找标高

根据水平标准线和设计厚度，在四周墙、柱上弹出面层的水平标高控制线。

③排砖

将房间依照砖的尺寸留缝大小，排出砖的放置位置，并在基层地面弹出十字控制线和分格线。排砖应符合设计要求，当设计无要求时，宜避免出现板块小于1/3边长的边角料。卫生间、淋浴间等有排水要求的房间，根据设计图纸排水坡度，确定出四周及地漏处标高。

④铺砂浆结合层

铺设前应将基底湿润，并在基底上刷一道素水泥浆或界面结合剂，随刷随铺设搅拌均匀的干硬性水泥砂浆。砂浆宜采用预拌砂浆。

⑤铺砖

在铺贴前，应对砖的规格尺寸、外观质量、色泽等进行预选，浸水湿润并晾干待用。将砖放置在干拌料上，用橡皮锤找平，之后将砖拿起，在干拌料上浇适量素水泥浆，同时在砖背面涂厚度约1mm的素水泥膏，再将砖放置在找过平的干拌料上，用橡皮锤按标高控制线和方正控制线坐平坐正。如设计有图案要求时，应按照设计图案弹出准确分格线，并做好标记。

⑥养护

当砖面层铺贴完24小时后应开始浇水养护，养护时间不得小于7天。

⑦勾缝、擦缝

当砖面层的强度达到可上人的时候，进行勾缝，用同种、同强度等级、同色的水泥膏或 1 ： 1 水泥砂浆，要求缝清晰、顺直、平整、光滑、深浅一致，缝应低于砖面 0.5~1mm。

3）成品保护措施

①瓷砖面层完工后在养护过程中应进行遮盖和拦挡，保持湿润，避免受侵害。当水泥砂浆结合层强度达到设计要求后，方可正常使用。

②后续工程在地面施工时，必须采取遮盖、支垫等措施，严禁直接在砖面上动火、焊接、和灰、调漆、搭脚手架等。进行上述工作时，必须采取可靠的保护措施。

4）安全、环保措施

①应遵守有关施工安全、劳动保护和防火的法律法规，应建立相应的管理制度，并配备必要的设备、器具和标识。

②临边、预留洞、施工电梯门口等处，要设盖板或围栏、安全网。进入施工现场必须戴安全帽，临边作业必须戴安全带。

③瓷砖地面施工时应采取降噪措施。

④应全面实施绿色施工，在保证质量、安全等基本要求的前提下，通过科学管理和技术进步，最大限度地节约资源与减少对环境负面影响的施工活动，实现四节一环保（节能、节地、节水、节材和环境保护）。

（3）质量验收

1）主控项目

①砖面层所用板块产品应符合设计要求和国家现行有关标准的规定。

检验方法：观察检查和检查型式检验报告、出厂检验报告、出厂合格证。

②砖面层所用板块产品进入施工现场时，应有放射性限量合格的检测报告。

检验方法：检查检测报告。

③面层与下一层的结合应牢固、无空鼓（单块砖边角允许有局部空鼓，但每自然间或标准间的空鼓板块不应超过总数的 5%）。

检验方法：用小锤轻击检查。

2）一般项目

①砖面层的表面应洁净、图案清晰、色泽应一致，接缝应平整，深浅应一致，周边应顺直。板边应无裂纹、掉角、缺棱等缺陷。

检验方法：观察检查。

②面层邻接处的镶边用料及尺寸应符合设计要求，边角应整齐、光滑。

检验方法：观察和用钢尺检查。

③踢脚线表面应洁净，与柱、墙面的结合应牢固。踢脚线高度及出柱、墙厚度应符合设计要求，且均匀一致。

检验方法：观察；用小锤轻击及用钢尺检查。

④面层表面的坡度应符合设计要求，不倒泛水、无积水；与地漏、管道结合处严密牢固，无渗漏。

检验方法：观察；泼水或蓄水检查，用坡度尺检查。

⑤砖面层的允许偏差和检验方法，应符合表 6-6 的规定。

砖面层的允许偏差和检验方法　　　　　　　　　　　　　表 6-6

项次	项目	允许偏差 (mm)	检验方法
		陶瓷地砖面层、陶瓷锦砖面层	
1	表面平整度	2	用 2m 靠尺和楔形塞尺检查
2	缝格平直	3	拉 5m 线和用钢尺检查
3	接缝高低差	0.5	用钢尺和楔形塞尺检查
4	踢脚线上口平直	3	拉 5m 线和用钢尺检查
5	板块间隙宽度	2	用钢尺检查

2. 实木地板地面施工技术

木、竹地面是指面层为木、竹材料的楼地面，其面层有实木地板面层、实木复合地板面层、中密度（强化）复合木地板、竹地板面层等。木质楼地面有弹性、耐磨、不起灰、不泛潮、温暖舒适，同时还具有保温、吸声、自重轻、导热性小、自然、高雅等特点。其缺点是易裂缝和翘曲、耐火性差、易腐蚀。这里主要介绍实木地板面层施工。

（1）施工准备

1）实木地板地面材料

实木地板施工采用的主要材料有实木地板、木龙骨、垫层地板（毛地板）、防潮垫、钉子（地板钉）、垫木、剪刀撑、胶粘剂、隔声材料等。以下介绍部分主要材料。

实木地板：是木材经烘干、加工后形成的地面装饰材料。根据加工工艺的不同有长条木地板、拼木地板等，均以硬木为原料，经化学处理，高温干燥定型后，加工出带有企口的木地板。用于实木地板的木材树种要求纹理美观，材质软硬适度，尺寸稳定性和加工性都较好。木材具有湿涨干缩的特性，选用木地板所用木材的含水率不能超过当地平衡含水率。实木地板厚度一般为 12~18mm，长度一般不宜小于 300mm。常用规格有 910mm×122mm×18mm，910mm×95mm×18mm。

木龙骨：木料材质较轻、纹理顺直、含水干缩性小、不易变形。木龙骨的材质一般为松木、杉木等，应做防火、防腐、防蛀等处理，主要用于固定面板，增加地板的弹性，改善地板下部空间的通风情况。常用规格：20mm×30mm，30mm×40mm。

垫层地板：一般采用松木板，多采用 20mm 的平口板或企口板。垫层地板应做防腐、防蛀、防火处理，主要用于加强楼地板面层的承载力以及增大其弹性。

防潮垫：防止室内潮气对木地板产生不良的影响。有防水卷材、水密性塑料薄膜、水密性发泡塑料卷材（带铝箔）。

钉子：包括铁钉、木地板专用螺纹钉、膨胀螺纹钉等。长度一般为板厚或木龙骨厚度的2~2.5倍。主要用于固定面层和木龙骨。常用规格：25mm，35mm，45mm，100mm。

2）技术准备

①核对设备安装与装修之间有无矛盾，明确地下暗埋的水、电管线路布设图，确保踢脚线范围内无暗埋的水电等管道。

②复核设计图纸中与周边地面、门口等交接部位木地板构造做法厚度是否一致，明确与其他不同地面材料交接部位构造做法。

3）施工机具

①机械设备：圆锯机、磨地板机、刨地板机、空气压缩机、手提切割机、手电钻、打磨机、吸尘器等。

②主要工具：手锯、手刨、铲刀、凿子、锤子、墨斗、搬钩、拉紧搬钩、平刮板等。

③检测工具：激光水准仪、2m靠尺、钢尺、水平尺、楔形塞尺、水平管、线坠等。

（2）施工操作工艺

1）工艺流程

清理基层→弹线→铺设木龙骨→按设计要求铺设防潮隔热隔声材料→按设计要求铺钉垫层地板→铺钉实木地板→钉踢脚线。

6-24 动画演示：实木地板铺设施工演示

动画演示：实木地板铺设施工演示，扫一扫二维码6-24。

2）操作工艺

①清理基层。应将基层清理干净，确保不起砂、突出的砂粒应处理，防止砂粒等将防潮层破坏。基层平整度误差不得大于5mm。

②弹线。先在楼板上弹出龙骨的位置线。如楼板上无预埋件，直接用电锤钻孔固定防腐木楔，再铺钉龙骨，钻孔时应避开水电暖管线。

③铺设木龙骨。木龙骨应与基层连接牢固，固定点间距不得大于600mm（一般为300~400mm），调节龙骨平整应采用实木垫片并固定牢固。在龙骨上直接铺装地板时，主次龙骨的间距应根据地板的长宽模数计算确定，地板接缝应在龙骨的中线上。铺设地板面层时，其龙骨的截面尺寸注意地板的端头必须搭在龙骨上，表面应平整。木龙骨接口处的夹木长度必须大于300mm，宽度不小于1/2龙骨宽度。木龙骨固定时，不应损坏基层和预埋管线。木龙骨应垫实钉牢，与柱、墙面之间留出20mm的缝隙，表面应平直，其间距不宜大于300mm。

④按设计要求铺设防潮隔热隔声材料。铺装前应对基层进行防潮处理，防潮层宜涂刷防水涂料或铺设塑料薄膜。按设计要求铺防潮隔热隔声材料，隔热隔声材料必须晒干，并拍夯实、找平，即可铺设面层。如对木地板有弹性要求，应在木龙骨底部垫橡皮垫板，且胶粘牢固，防止振脱；如对木地板有防虫要求，应在地板安装前放置专用防虫剂或樟木块、喷防白蚁药水。

⑤按设计要求铺钉垫层地板。双层木板面层下层的垫层地板宽度不宜大于120mm。在铺设前应清除垫层地板下空间内的刨花等杂物。铺设垫层地板时，应与龙骨呈30°或45°并应斜向钉牢，使髓心向上；当采用细木工板、多层胶合板等成品机拼板材时，应采用设计规格铺钉。无设计要求

时可锯成 1220mm×610mm 等规格。每块垫层地板应在每根龙骨上各钉两个钉子固定，钉子长度应为板厚的 2.5 倍，钉帽应砸扁，并冲入板面深不少于 2mm。垫层地板接缝不应小于一格的龙骨间距，板间缝隙应为 2~3mm。垫层地板与墙之间应留 8~10mm 的缝隙，且表面应刨平。

⑥铺钉实木地板。铺装前应对地板进行选配，宜将纹理、颜色接近的地板集中使用于一个房间或部位。实木地板面层铺设的方向应符合设计要求，设计无要求时按"顺光、顺主要行走方向"的原则确定。在铺设木地板面层时，木地板端头接缝应在龙骨上，并应间隔错开。板与板之间应紧密，但仅允许个别地方有缝隙，其宽度不应大于 1mm；当采用硬木长条形板时，不应大于 0.5mm。实木地板、竹地板面层铺设时，相邻板材接头位置应错开不小于 300mm 的距离；面板与柱、墙之间应留 8~12mm 缝隙；缝隙内加设金属弹簧卡或木楔子，其间距宜为 200~300mm。木龙骨隐蔽验收后，从墙的一边开始按线逐块铺钉木地板，逐块排紧。单层木地板与龙骨固定，应将木地板钉牢在其下的每根龙骨上。钉长为板厚的 2~2.5 倍，固定时应从凹榫边 30°角倾斜钉入，钉头不应露出。硬木地板应先钻孔，孔径应略小于地板钉直径。铺贴顺序从墙的一边开始向另一边铺钉。

⑦钉踢脚线。当采用实木制作的踢脚线时，背面应留槽并做防腐处理。预先在墙内每隔 300mm 砌入一块防腐木砖，在防腐木砖外面钉一块防腐木块（如未预埋木块，可用电锤打眼在墙面固定防腐木楔）。然后再把踢脚线的基层板用明钉钉牢在防腐木块上，钉帽砸扁并冲入板内，随后粘贴面层踢脚线并刷漆。踢脚线板面要竖直，上口呈水平线。木踢线板上口出墙厚度应控制在 10~20mm 范围。踢脚线安装完后，在房间不明显处，每隔 1m 开排气孔，孔的直径 6mm，上面加铝、镀锌等金属箅子，用镀锌螺钉与踢脚线拧紧。

3）成品保护措施

①面层使用的木地板应码放整齐，使用时轻拿轻放，不应乱扔乱堆，以免碰坏棱角。

②施工中应注意环境温度和湿度变化，铺设完应及时关闭窗户，覆盖塑料薄膜，防止开裂和变形。

③地板刨光磨光后，及时刷油漆和打蜡。

④后续工程在实木地板面层上施工时，必须进行遮盖、支垫等措施，严禁直接在实木地板面上动火、焊接、和灰、调漆、搭脚手架等；严禁在木地板面层上采用拖动方式移动材料、工具。

4）安全、环保措施

①使用木工机械加工板条应有安全防护装置，不应用手推按板条锯裁、刨光，应用推杆送料。

②面层刨光、磨光使用刨光机、磨光机，应有安全保险装置和保护接零。

③木材、刨花、油毡纸均属易燃品，现场应有可靠的防火措施，并严禁吸烟。

④地面施工时应采取降噪措施。

（3）质量验收

1）主控项目

①实木地板、竹地板面层所采用的地板，铺设时的木材含水率必须符合设计要求和国家现行有关标准的规定。

检验方法：观察检查和检查型式检验报告、出厂检验报告、出厂合格证。

②实木地板、竹地板面层采用的材料进入施工现场，应有地板的游离甲醛（释放量或含量）有害物质限量合格的检测报告。

检验方法：检查检测报告。

③木格栅、垫木和垫层地板等应做防腐、防蛀处理。

检验方法：观察检查和检查验收记录。

④木格栅安装牢固、平直，其间距和稳固方法必须符合设计要求。

检验方法：观察、行走、钢尺测量等检查和检查验收记录。

⑤面层铺设应牢固，粘结应无空鼓、松动。

检验方法：观察、行走或用小锤轻击检查。

2）一般项目

①实木地板面层应刨平、磨光、无明显刨痕和毛刺等现象；图案清晰，颜色均匀一致。

检验方法：观察；手摸和行走检查。

②竹地板面层的品种与规格应符合设计要求，板面应无翘曲。

检验方法：观察、用 2m 靠尺和楔形塞尺检查。

③面层缝隙应严密；接头位置应错开，表面应平整、洁净。

检验方法：观察检查。

④面层采用粘、钉工艺时，接缝应对齐，粘、钉应严密；缝隙宽度应均匀一致；表面应洁净，无溢胶现象。

检验方法：观察检查。

⑤踢脚线表面应光滑，接缝严密，高度一致。

检验方法：观察和用钢尺检查。

⑥实木地板面层的允许偏差和检验方法如表 6-7 所示。

实木地板面层的允许偏差和检验方法　　　　表 6-7

项次	项目	实木地板面层允许偏差（mm）			检验方法
		松木地板	硬木地板	拼花地板	
1	板面缝隙宽度	1	0.5	0.2	用钢尺检查
2	表面平整度	2	2	2	用 2m 靠尺和楔形塞尺检查
3	踢脚线上口平直	2	2	2	拉 5m 通线，不足 5m 拉通线和用钢尺检查
4	板面拼缝平直	3	3	3	
5	相邻板材高差	0.5	0.5	0.5	用钢尺和楔形塞尺检查
6	踢脚线与面层接缝	1	1	1	楔形塞尺检查

3. 楼地面装饰工程施工技术信息化资源列表

楼地面装饰工程施工技术信息化资源见表 6-8。

楼地面装饰工程施工技术信息化资源   表 6-8

序号	项目名称	二维码
1	水泥砂浆地面施工工艺	6-25 虚拟演示：水泥砂浆地面施工工艺
2	水磨石地面施工工艺	6-26 虚拟演示：水磨石地面施工工艺
3	实木地板铺设施工工艺	6-27 虚拟演示：实木地板铺设施工工艺
4	复合地板铺设施工工艺	6-28 虚拟演示：复合地板铺设施工工艺

续表

序号	项目名称	二维码
5	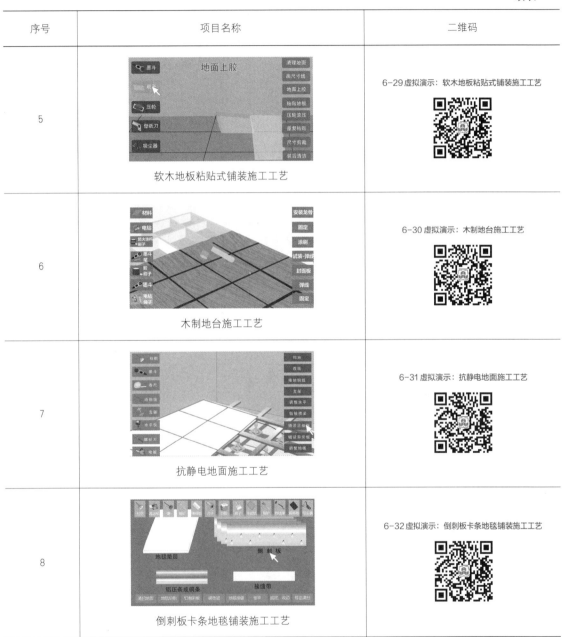 软木地板粘贴式铺装施工工艺	6-29 虚拟演示：软木地板粘贴式铺装施工工艺
6	木制地台施工工艺	6-30 虚拟演示：木制地台施工工艺
7	抗静电地面施工工艺	6-31 虚拟演示：抗静电地面施工工艺
8	倒刺板卡条地毯铺装施工工艺	6-32 虚拟演示：倒刺板卡条地毯铺装施工工艺

任务 6.4　顶棚装饰工程施工技术

顶棚，又称天花板、天棚、平顶等，一般是指室内上部空间的面层与结构层的总和，甚至包括整个屋顶构造，如采光屋顶可称为采光顶棚。顶棚是室内空间的重要组成部分，其投资比重大约占室内装饰工程总投资的 30%~35%，因而常是装饰工程的重点。顶棚的形式和种类繁多，按材料的不同可分为抹灰顶棚、纸面石膏板顶棚、金属饰面顶棚等。按功能的不同可分为发光顶棚、艺术装饰顶棚、吸声隔声顶棚等。按安装方式的不同，顶棚可分为直接式顶棚，即顶棚饰面部分直接安装在楼板底面；悬吊式顶棚，即饰面部分离开楼板结构层悬吊而成；配套组装式顶棚，即副龙骨和饰面部分（如活动面板、网络板、金属板块）组装而成（图 6-4，吊顶工程）。

图 6-4　吊顶工程

1. 明龙骨顶棚施工技术

明龙骨顶棚亦称为板块面层吊顶，是指以矿棉板、金属板、复合板、石膏板等为面板的面层材料接缝外露的吊顶。面层材料接缝外露包含支撑连接板块龙骨外露和龙骨暗架于板块中，板块面层材料接缝外露等基本形式，依据板块排列的韵律美和空间形态的形式美来表达空间情感和氛围。

（1）施工准备

1）材料准备

各种材料必须符合国家现行标准的有关规定。应有出厂质量合格证、性能及环保检测报告等质量证明文件。人造板材应有甲醛含量检测（或复验）报告，应对其游离甲醛含量或释放量进行复验并应符合现行国家标准《室内装饰装修材料　人造板及其制品中甲醛释放限量》GB 18580—2017 的规定。

①轻钢龙骨：其主、次龙骨的规格、型号、材质及厚度应符合设计要求和现行国家标准《建筑用轻钢龙骨》GB/T 11981—2008 有关规定，应无变形和锈蚀现象。金属龙骨及配件在使用前应做防腐处理。

②铝合金龙骨：其主、次龙骨的规格、型号应符合设计要求和现行国家标准的有关规定；无扭曲、变形现象。

③木龙骨：其主、次龙骨的规格、材质应符合设计要求和现行国家标准的有关规定；含水率不得大于 12%，使用前必须做防腐、防火处理。

④饰面板：按设计要求选用饰面板的品种，主要有装饰石膏板、纤维水泥加压板、金属扣板、矿棉板、胶合板、铝塑板、格栅等。

⑤辅材：龙骨专用吊挂件、连接件、插接件等附件。吊杆、膨胀螺栓、钉子、自攻螺钉、角码等应符合设计要求并进行防腐处理。

2）技术准备

①熟悉施工图纸及设计说明，对房间的净高、各种洞口标高和吊顶内的管道、设备的标高进行校核。发现问题及时向设计单位提出，并办理洽商变更手续，把各专业设备安装间的矛盾解决在施工之前。

②根据设计图纸、吊顶高度和现场实际尺寸进行排板、排龙骨、定吊点等深入设计，绘制大样图，办理委托加工。

③根据施工图中吊顶标高要求和现场实际尺寸，对吊杆进行翻样并委托加工。

④编制施工方案并经审批。

⑤施工前先做样板间（段），经现场监理、建设单位检验合格并签认。

⑥对操作人员进行安全技术交底。

3）主要机具

①机具：电锯、电刨、无齿锯、手枪钻、冲击电锤、电焊机、角磨机等。

②工具：拉铆枪、射钉枪、手锯、手刨、钳子、扳手、螺丝刀等。

③计量检测用具：水准仪、靠尺、钢尺、水平尺、楔形塞尺、线坠等。

④安全防护用品：安全帽、安全带、电焊面罩、电焊手套等。

（2）施工操作工艺

1）工艺流程

弹线定位→固定边龙骨→安装悬吊件→安装主、次龙骨→安装饰面板→安装压条或收口条。

6-33动画演示："T"形龙骨矿棉板施工

▦▥ 动画演示："T"形龙骨矿棉板施工，扫一扫二维码6-33。

2）操作工艺

①弹线定位。墙面弹50cm水平基准线，将设计标高线弹到四周墙面或柱面上，主、次龙骨位置、吊点位置及大型灯具位置弹到楼板底面上。注意龙骨间距控制在900~1200mm。

②固定边龙骨。按照吊顶标高位置，将"L"形边龙骨沿墙或柱标高线，采用高强水泥钉固定，固定时"L"形底边与标高线重合，钉的间距一般不宜大于500mm，一般边龙骨用于封口不能承重。

③安装悬吊件。"T"形铝合金龙骨吊顶为活动式装配吊顶，方便检修，一般为不上人顶棚。在楼板底边钉入底边带孔的射钉，采用镀锌铁丝吊筋绑扎在射钉上。"T"形铝合金龙骨吊顶吊杆主要有：采用镀锌铁丝做吊筋，一端与射钉连接，另一端与主龙骨的圆形孔绑扎，吊筋使用双股，可用18号镀锌铁丝，吊筋如果单股，使用的镀锌铁丝不宜小于14号。制作伸缩式吊杆：用带孔的弹簧钢片将两根8号镀锌铁丝连接起来，弹簧钢片用于调节及固定，用力压弹簧钢片时，使弹簧钢片两端的孔中心重合，吊杆就可伸缩自由。当手松开后，孔中心错位，与吊杆产生剪力将吊杆固定。

④安装主、次龙骨。根据弹好的主龙骨位置线，将主龙骨挂件安装在吊筋与主龙骨之间，主龙骨安装时要比吊顶标高线稍高并作临时固定，作为调节高度的余量，待所有主龙骨安装完成，开始安装次龙骨。龙骨就位后，满拉纵横控制标高线（十字中心线），从一端开始，边安装边调平，最后再精调一遍，龙骨的调整是吊顶安装质量的关键。

⑤安装饰面板。饰面板通常采用装饰石膏板、矿棉等。吊顶上面四周未封闭时，不宜进行饰面板安装，以防止风压、潮湿等使龙骨或饰面板损坏变形。面板安装前，应进行吊顶内隐蔽工程

验收，所有项目验收合格后才能进行面板的安装施工。面板的安装应按规格、颜色、花饰、图案等进行分类选配、预先排板，保证花饰、图案的整体性。面板应置放于"T"形龙骨上并应防止污物污染板面。面板需要切割时应用专用工具切割。吸声板上不宜放置其他材料。面板与龙骨嵌装时，应防止相互挤压过紧引起变形或脱挂。设备洞口应根据设计要求开孔。开孔应用开孔器。开洞背面宜加硬质背板。

⑥安装压条或收口条。各种饰面板吊顶与四周墙面的交接部位，应按设计要求或采用与饰面板材质相适应的收边条、阴角线或收口条收边。收边用石膏线时，必须在四周墙（柱）上预埋木砖，再用螺钉固定，固定螺钉间距宜不大于600mm。其他轻质收边、收口条可用胶粘剂粘贴，但必须保证安装牢固可靠、平整顺直。

3）成品保护

①骨架、饰面板及其他材料进场后，应存入库房内码放整齐，上面不得放置重物。露天存放必须遮盖，保证各种材料不受潮、不霉变、不变形。

②骨架及饰面板安装时，应注意保护顶棚内各种管线及设备。吊杆、龙骨及饰面板不准固定在其他设备及管道上。

③吊顶施工时，对已施工完毕的地面、墙面、门、窗、窗台等要进行保护，防止污染、损坏。

④不上人吊顶的骨架安装好后，不得上人踩踏。其他吊挂件或重物严禁安装在吊顶骨架上。

⑤安装饰面板时，作业人员宜戴干净的线手套，以防污染，并拉5m线检查。

4）安全环保措施

①施工中使用的电动工具及电气设备，均应符合国家现行标准《施工现场临时用电安全技术规范》JGJ 46—2005的规定。

②施工中使用的各种架子搭设应符合安全规定，并经安全部门检查合格。铺板不得有探头板和飞挑板。采用高凳上铺脚手板时，宽度不得少于两块脚手板（宽500mm），间距不得大于2m。移动高凳时上面不得站人，作业人员最多不得超过2人。高度超过1m时，应由架子工搭设脚手架。

③在高处作业时，上面的材料码放必须平稳可靠，工具不得乱放，应放入工具袋内。工人进入施工现场应戴安全帽，2m以上作业必须系安全带并应穿防滑鞋。

④电、气焊工应持证上岗并配备防护用具，使用电、气焊等明火作业时，应清除周围及焊渣溅落区的可燃物，并设专人监护。

⑤施工用的各种材料应符合现行国家标准《民用建筑工程室内环境污染控制标准》GB 50325—2020的规定。工程所使用胶合板、玻璃胶、防腐涂料、防火涂料应有正规的环保监测报告。

⑥施工现场垃圾不得随意丢弃，必须做到工完场清。清扫时应洒水，不得扬尘。

⑦施工空间应尽量封闭，以防止噪声污染、扰民。

（3）质量验收

1）主控项目

①吊顶标高、尺寸、起拱和造型应符合设计要求。

检验方法：观察；尺量检查。

②饰面材料的材质、品种、规格、颜色、图案、防潮和防火性能应符合设计要求。当饰面材料为玻璃时，应使用安全玻璃或采取可靠的安全措施。

检验方法：观察；检查产品合格证书、性能检测报告和进场验收记录。

③饰面材料的安装应稳固严密。饰面材料与龙骨的搭接宽度应大于龙骨受力面宽度的2/3。

检验方法：观察；手扳检查；尺量检查。

④吊杆、龙骨的材质、规格、安装间距及连接方式应符合设计要求。金属吊杆、龙骨应进行表面防腐处理。预埋件、后置连接件与吊杆的连接必须安全可靠，满足设计要求。

检验方法：观察；尺量检查；检查产品合格证书、进场验收记录、隐蔽工程验收记录和施工记录。

⑤明龙骨吊顶工程的吊杆和龙骨必须安装牢固。

检验方法：手扳检查；检查隐蔽工程验收记录和施工记录。

2）一般项目

①饰面材料表面应洁净、色泽一致，不得有翘曲、裂缝及缺损。压条应平直、宽窄一致。造型尺寸及位置准确，收口严密平整。曲线流畅、美观。

检验方法：观察；尺量检查。

②饰面板上的灯具、烟感器、喷淋头、风口等设备的位置应合理、美观，与饰面板的交接应吻合、严密。

检验方法：观察。

③金属龙骨的接缝应平整、吻合、颜色一致，不得有划伤、擦伤等表面缺陷。

检验方法：观察。

④吊顶内填充吸声材料的品种和铺设厚度应符合设计要求，并应有防散落措施。

检验方法：检查隐蔽工程验收记录和施工记录。

⑤明龙骨吊顶工程安装的允许偏差和检验方法应符合表6-9。

明龙骨吊顶工程安装的允许偏差和检验方法　　　　表6-9

项次	项目	允许偏差（mm）				检验方法
		纸面石膏板	矿棉板	金属板	格栅	
1	表面平整度	3.0	3.0	2.0	2.0	用2m靠尺和楔形塞尺检查
2	接缝直线度	3.0	3.0	2.0	3.0	拉5m通线，不足5m拉通线和用钢尺检查
3	接缝高低差	1.0	2.0	1.0	1.0	用钢直尺和塞尺检查

2．暗龙骨顶棚施工技术

（1）施工准备

1）材料准备

各种材料必须符合国家现行标准的有关规定。应有出厂质量合格证、性能及环保检测报告等质量证明文件。

①轻钢龙骨：其主、次龙骨的规格、型号、材质及厚度应符合设计要求和现行国家标准有关规定，应无变形和锈蚀现象。金属龙骨及配件在使用前应做防腐处理。

②铝合金龙骨：其主、次龙骨的规格、型号应符合设计要求和现行国家标准的有关规定；无扭曲、变形现象。

③木龙骨：其主、次龙骨的规格、材质应符合设计要求和现行国家标准的有关规定；含水率不得大于12%，使用前必须做防腐、防火处理。

④饰面板：按设计要求选用饰面板的品种，主要有装饰石膏板、纤维水泥加压板、金属扣板、胶合板等。

⑤辅材：龙骨专用吊挂件、连接件、插接件等附件。吊杆、膨胀螺栓、钉子、自攻螺钉、角码等应符合设计要求并进行防腐处理。

2）技术准备

①熟悉施工图纸及设计说明，对房间的净高、各种洞口标高和吊顶内的管道、设备的标高进行校核。发现问题及时向设计单位提出，并办理洽商变更手续，把各专业设备安装间的矛盾解决在施工之前。

②根据设计图纸、吊顶高度和现场实际尺寸进行排板、排龙骨、定吊点等深入设计，绘制大样图，办理委托加工。

③根据施工图中吊顶标高要求和现场实际尺寸，对吊杆进行翻样并委托加工。

④编制施工方案并经审批。

⑤施工前先做样板间，经现场监理、建设单位检验合格并签认。

⑥对操作人员进行安全技术交底。

3）主要机具

①机具：电锯、电刨、无齿锯、手枪钻、冲击电锤、电焊机、角磨机等。

②工具：拉铆枪、射钉枪、手锯、手刨、钳子、扳手、螺丝刀等。

③计量检测用具：水准仪、靠尺、钢尺、水平尺、楔形塞尺、线坠等。

④安全防护用品：安全帽、安全带、电焊面罩、电焊手套等。

（2）施工操作工艺

1）工艺流程

6-34 动画演示：轻钢龙骨纸面石膏板吊顶施工工艺展示

测量放线→固定吊杆→安装边龙骨→安装主龙骨→安装次龙骨、横撑龙骨→安装饰面板→安装压条或收口条。

动画演示：轻钢龙骨纸面石膏板吊顶施工工艺展示，扫一扫二维码6-34。

2）操作工艺

①测量放线。以室内标高基准线为准，根据施工图纸，在房间内每个墙（柱）上返出高程控制点（墙体较长时，控制点间距宜 3~5m 设一点），然后用粉线沿墙（柱）弹出吊顶标高控制线。弹线应清晰，位置准确。按吊顶龙骨排列图，在顶棚上弹出主龙骨的位置线和嵌入式设备外形尺寸线。主龙骨间距一般为 900~1000mm，均匀布置，排列时应尽量避开嵌入式设备位置，并在主龙骨的位置线上用十字线标出固定吊杆的位置。吊杆间距应为 900~1000mm，距主龙骨端头应不大于 300mm，均匀布置。若遇较大设备或通风管道，吊杆间距大于 1600mm 时，宜采用型钢扁担来满足吊杆间距。

放设备位置线：按施工图上的位置和设备的实际尺寸、安装形式，将吊顶上的所有大型设备、灯具、电扇等的外形尺寸和吊具、吊杆的安装位置，用墨线弹于顶棚上。

②固定吊杆。通常用冷拔钢筋或盘圆钢筋做吊杆，使用盘圆钢筋时，应用机械先将其拉直然后按吊顶所需的吊杆长度下料。断好的钢筋一端焊接 L30mm×30mm×3mm 角码（角码另一边打孔，其孔径按固定吊杆的膨胀螺栓直径确定），另一端套出长度大于 100mm 的螺纹（也可用全丝螺杆做吊杆）。不上人吊顶，吊杆长度小于 1000mm 时，直径宜不小于 $\phi6$mm；吊杆长度大于 1000mm，直径宜不小于 $\phi10$mm。上人的吊顶，吊杆长度小于 1000mm，直径应不小于 $\phi8$mm，吊杆长度大于 1000mm，直径应不小于 $\phi10$mm。吊型钢扁担的吊杆，当扁担所承担 6 根以上吊杆时，直径应适当增加。当吊杆长度大于 1500mm 时，还必须设置反向支撑杆。制作好的金属吊杆应做防腐处理。吊杆用冲击电锤打孔后，用膨胀螺栓固定到楼板上。吊杆应通直并有足够的承载力。在埋件上安装吊杆和吊杆接长时，宜采用焊接并连接牢固。主龙骨端部的吊杆应使主龙骨悬挑长度不大于 300mm，否则应增加吊杆。吊顶上的灯具、风口及检修口和其他设备，应设独立吊杆安装，不得固定在龙骨吊杆上。

③安装边龙骨。边龙骨、沿墙龙骨应按大样图的要求和弹好的吊顶标高控制线进行安装。安装时把边龙骨的靠墙侧涂刷胶粘剂后，用水泥钉或螺钉固定在已预埋好的木砖上（木砖需经防腐处理）。固定在混凝土墙（柱）上时，可直接用水泥钉固定。固定点间距应不大于吊顶次龙骨的间距，一般为 300~600mm，以防止变形。

④安装主龙骨。金属主龙骨通常分不上人 UC38 和上人 UC50 两种。安装时应采用专用吊挂件和吊杆连接，吊杆中心应在主龙骨中心线上。主龙骨安装间距为 900~1000mm。一般宜平行于房间长向布置。主龙骨端部悬挑应不大于 300mm，否则应增加吊杆。主龙骨接长时应采取专用连接件，每段主龙骨的吊挂点不得少于 6 处，相邻两根主龙骨的接头要相互错开，不得放在同一吊杆档内。木质主龙骨安装时，将预埋钢筋端头弯成圆钩，8 号镀锌铁丝与主龙骨绑牢，或用 $\phi6$mm、$\phi8$mm 吊杆先将木龙骨钻孔，再将吊杆穿入木龙骨锁紧固定。吊顶跨度大于 15m 时，应在主龙骨上每隔 15m 范围内，垂直主龙骨加装一道大龙骨，连接牢固。有较大造型的顶棚，造型部分应形成自己的框架，用吊杆直接与顶板进行吊挂连接。重型灯具、吊扇及其他专业设备严禁直接安装在吊顶龙骨上。主龙骨安装完成后，应对其进行一次调平，并注意调好起拱度。

⑤安装次龙骨、横撑龙骨。金属次龙骨用专用连接件与主龙骨固定。次龙骨必须对接，不得有搭接。一般次龙骨间距不大于 600mm。潮湿或重要场所，次龙骨间距宜为 300~400mm。次龙骨的靠墙一端应放在边龙骨的水平翼缘上。次龙骨需接长时，应使用专用连接件进行连接固定。每段次龙骨与主龙骨的固定点不得少于 6 处，相邻两根次龙骨的接头要相互错开，不得放在两根主龙骨的同一档内。次龙骨安装完后，若饰面板在次龙骨下面安装，还应安装横撑龙骨，通常横撑龙骨间距不大于 1000mm，最后调整次龙骨，使其间距均匀、平整一致，并在墙上标出次龙骨中心位置线，以防安装饰面板时找不到次龙骨。木质主、次龙骨间的连接宜采用小吊杆连接，小吊杆钉在龙骨侧面时，相邻吊杆不得钉在龙骨的同一侧，必须相互错开。次龙骨接头应相互错开，采用双面夹板用圆钉错位钉牢，接头两侧最少各钉两个钉子。木质龙骨安装完后，必须进行防腐、防火处理。各种洞口周围应设附加龙骨和吊杆，附加龙骨用拉铆钉连接固定到主、次龙骨上。次龙骨安装完后应拉通线进行一次整体调平、调直，并注意调好起拱度。设计无要求时一般为房间短向跨度的 3‰~5‰。

⑥安装饰面板。饰面板通常采用石膏板、纤维水泥加压板、矿棉板、胶合板、铝塑板、格栅或各种金属扣板等。吊顶上面四周未封闭时，不宜进行饰面板安装，以防止风压、潮湿等使龙骨或饰面板损坏变形。

骨架为金属龙骨时，一般用沉头自攻螺钉固定饰面板。采用木龙骨做骨架时，一般用木螺钉固定饰面板，饰面板为胶合板时，可用圆钉直接固定。金属饰面板按产品说明书的规定，用专用吊挂连接件、插接件固定。若饰面板采用复合粘贴法安装时，胶粘剂必须符合环保要求，在未完全固化前，不得受到强烈振动。用自攻螺钉安装饰面板时，饰面板接缝处的龙骨宽度应不小于 40mm。若设计要求有吸声填充物，在安装饰面板前，应先安装吸声材料，并按设计要求进行固定，设计无要求时，可用金属或尼龙网固定，其固定点间距不宜大于次龙骨间距。饰面板上的各种灯具、烟感探头、喷淋头、风口等的布置应合理、美观，与饰面板交接处应吻合、严密。

石膏板安装。石膏板材应在自由状态下安装，从中间向四周放射状固定，不得从四周多点同时进行固定，以防出现弯棱、凸鼓的现象。通常整块石膏板的长边应沿次龙骨铺设方向安装。自攻螺钉距板的未切割边为 10~15mm，距切割边为 15~60mm。板周边钉间距为 150~170mm，板中钉间距不大于 650mm。钉应与板面垂直，不得有弯曲、倾斜、变形现象，当发生弯曲、倾斜、变形时，应在相隔 50mm 的部位重新安装自攻螺钉。自攻螺钉头宜略低于板面，但不得损坏板面。钉帽应做防锈处理后再用石膏腻子抹平。石膏板的接缝宜选用厂家配套的腻子按设计要求进行处理。拌制腻子时，必须用清水和洁净容器。双层石膏板安装时，两层板的接缝不得放在同一根龙骨上，应相互错开。

铝塑板安装。通常采用单面铝塑板，根据设计要求的尺寸和形状进行下料，下料时应留出胶缝。安装时用胶粘剂粘贴到底板上。底板根据设计要求选择，一般采用人造木板，底板的安装方法同石膏板的安装。

金属（条、方）板安装。金属板吊顶的龙骨应与板配套，龙骨一般直接吊挂，也可以采用主、次龙骨形式。有主龙骨时，主、次龙骨的间距均应不大于 1000mm。直接吊挂时，次龙骨的间距也应不大于 1000mm。吊杆、龙骨安装方法及要求同前。金属板安装一般为直接扣、卡到龙骨上或用专用挂件固定到龙骨上。安装金属板时，板面不得有划伤和变形，应保证板缝均匀顺直、板面平整一致。

⑦安装压条或收口条。各种饰面板吊顶与四周墙面的交接部位，应按设计要求或采用与饰面板材质相适应的收边条、阴角线或收口条收边。收边用石膏线时，必须在四周墙（柱）上预埋木砖，再用螺钉固定，固定螺钉间距宜不大于600mm。其他轻质收边、收口条可用胶粘剂粘贴，但必须保证安装牢固可靠、平整顺直。

3）成品保护

①骨架、饰面板及其他材料进场后，应存入库房内码放整齐，上面不得放置重物。露天存放必须遮盖，保证各种材料不受潮、不霉变、不变形。

②骨架及饰面板安装时，应注意保护顶棚内各种管线及设备。吊杆、龙骨及饰面板不准固定在其他设备及管道上。

③吊顶施工时，对已施工完毕的地面、墙面、门、窗、窗台等必须进行保护，防止污染、损坏。

4）安全环保措施

①施工中使用的各种架子搭设应符合安全规定，并经安全部门检查合格。铺板不得有探头板和飞挑板。采用高凳上铺脚手板时，宽度不得少于两块脚手板（宽500mm），间距不得大于2m。移动高凳时上面不得站人，作业人员最多不得超过2人。高度超过1m时，应由架子工搭设脚手架。

②施工用的各种材料应符合现行国家标准《民用建筑工程室内环境污染控制标准》GB 50325—2020的规定。工程所使用胶合板、玻璃胶、防腐涂料、防火涂料应有正规的环保监测报告。

③施工现场垃圾不得随意丢弃，必须做到工完场清。清扫时应洒水，不得扬尘。

④施工空间应尽量封闭，以防止噪声污染、扰民。

（3）质量验收

1）主控项目

①吊顶标高、尺寸、起拱和造型应符合设计要求。

检验方法：观察；尺量检查。

②饰面材料的材质、品种、规格、图案和颜色应符合设计要求。

检验方法：观察，检查产品合格证书、性能检测报告、进场验收记录和复验报告。

③吊杆、龙骨和饰面材料的安装必须牢固。

检验方法：观察、手扳检查，检查隐蔽工程验收记录和施工记录。

④吊杆、龙骨的材质、规格、安装间距及连接方式应符合设计要求。金属吊杆、龙骨应经过表面防腐或防锈处理，木吊杆、龙骨应进行防腐、防火处理。

检验方法：观察、尺量检查，检查产品合格证书、性能检测报告、进场验收记录和隐蔽工程验收记录。

⑤石膏饰面板接缝必须按要求进行防裂处理。双层石膏饰面板接缝应错开，不得在同一根龙骨上接缝。

检验方法：观察。

2）一般项目

①饰面材料表面应洁净、色泽一致，不得有翘曲、裂缝及缺损。压条应平直、宽窄一致。

检验方法：观察、尺量检查。

②饰面板上的灯具、烟感器、喷淋头、风口等设备的位置应合理、美观，与饰面板的交接应吻合、严密。

检验方法：观察。

③金属吊杆、龙骨的接缝应均匀一致，角缝应吻合，表面应平整，无翘曲、锤印。木质吊杆、龙骨应顺直，无劈裂、变形。

检验方法：检查隐蔽工程验收记录和施工记录。

④吊顶内填充吸声材料的品种和铺设厚度应符合设计要求，并应有防散落措施。

检验方法：检查隐蔽工程验收记录和施工记录。

⑤暗龙骨吊顶工程安装的允许偏差和检验方法见表 6-10。

暗龙骨吊顶工程安装的允许偏差和检验方法　　　　　　　　　　　　表 6-10

项次	项目	允许偏差（mm）				检验方法
		纸面石膏板	金属板	矿棉板	格栅	
1	表面平整度	3.0	2	2	2.0	用 2m 靠尺和楔形塞尺检查
2	接缝直线度	3.0	1.5	3	3.0	拉 5m 通线，不足 5m 拉通线和用钢尺检查
3	接缝高低差	1.0	1	1.5	1.0	用钢尺和楔形塞尺检查

3. 顶棚装饰工程施工技术信息化资源列表

顶棚装饰工程施工技术信息化资源见表 6-11。

顶棚装饰工程施工技术信息化资源　　　　　　　　　　　　表 6-11

序号	项目名称	二维码
1	 直接式顶棚构造施工动画	6-35 直接式顶棚构造施工动画

续表

序号	项目名称	二维码
2	 木龙骨木饰面顶棚施工动画	6-36木龙骨木饰面顶棚施工动画
3	 轻钢龙骨单铝板顶棚施工动画	6-37轻钢龙骨单铝板顶棚施工动画
4	 轻钢龙骨金属扣板顶棚施工动画	6-38轻钢龙骨金属扣板顶棚施工动画
5	 轻钢龙骨铝塑板顶棚施工动画	6-39轻钢龙骨铝塑板顶棚施工动画
6	 格栅顶棚施工动画	6-40格栅顶棚施工动画

序号	项目名称	二维码
7	 玻璃顶棚装饰施工动画	6-41 玻璃顶棚装饰施工动画
8	 软膜顶棚施工动画	6-42 软膜顶棚施工动画
9	 异型吊顶施工动画	6-43 异型吊顶施工动画
10	 玻璃采光顶棚施工动画	6-44 玻璃采光顶棚施工动画

任务6.5 门窗工程施工技术

门窗是建筑物必不可少的功能构件。门的主要功能是交通出入，分隔联系空间以及紧急疏散等，还兼有通风、采光的作用。窗的主要功能是通风、采光及供人眺望。门窗同时又是墙体的一部分，兼有隔声、保温、隔热、遮风挡雨、防火等维护作用。由于门窗在建筑中大量存在，因此，门窗的造型、色彩、材质等对装饰效果有重要影响（图6-5，门窗工程）。

图6-5 门窗工程

1.木门窗工程施工技术

（1）施工准备

1）材料要求

①木门窗框扇的木材类别、木材等级、含水率和框扇的规格型号和质量，应符合设计要求和规范规定，并须有出厂质量合格证。

②人造木板的质量和甲醛含量应符合设计要求和规范的规定，并应有性能检测报告和出厂质量合格证。

③防火、防腐、防蛀、防潮等处理剂及胶粘剂的质量和性能应符合设计要求和其他有关专业规范的规定。外门窗纱品种、形式、规格尺寸应符合标准的规定。产品应有性能检测报告和产品质量合格证。

2）主要机具：圆锯机、木工平刨、木工压刨、开榫机、榫槽机、手电钻、电刨、水平尺、木工三角尺、吊线坠、墨斗、钢卷尺、钳子等。

3）作业条件

①组织操作人员学习门窗加工图纸和施工说明书。

②按备料计划和设计要求选好原木，并组织进厂。

③木工机械检修，满足使用要求。

④各种处理剂和胶粘剂已进行质量鉴定和复验，其复检结果符合设计和环保要求。

⑤人造木板已抽样复验，甲醛含量不得超过规定，且产品质量合格。

⑥检查门窗框、扇。如有翘扭、弯曲、窜角、劈裂、榫接松动等产品，应剔除单独堆放，专人进行修理。

⑦后塞的门窗框，其主体结构应验收合格。门窗洞口预埋防腐木砖应齐全无缺。

⑧窗扇的安装，应在饰面工程完成后进行。

（2）施工操作工艺

1）工艺流程

6-45动画演示：木门制作与安装

放样→配料、裁料→刨料→画线→打眼→开榫、拉肩→裁口、倒角→拼装→码放→安装。

💻动画演示：木门制作与安装，扫一扫二维码6-45。

2）操作工艺

①放样。放样是根据施工图纸上设计好的木构件按照1∶1的比例将木构件画出来，做成样板。放样是配料、裁料和画线的依据，在使用过程中，注意保持其画线的清晰，不要使其弯曲或折断。

②配料、裁料。配料是在放样的基础上进行的，因此应按设计要求计算或测量出各部件的尺寸和数量，列出配料清单，按配料单进行配料。配料时，对原材料要进行选择，不符合要求的木料应尽量避开不用；含水率不符合要求的木料不能使用。裁料时应确定一定的加工余量，加工余量分为下料余量和施工余量。

③刨料。刨料时，宜将纹理清晰的材料面作为正面，樘子料可任选一个窄面为正面，门、窗框的梃及冒头可只刨三面，不刨靠墙的一面；门、窗扇的上冒头和梃也可先刨三面，靠框的一面施工时再进行修刨。刨完后，应按同类型、同规格、同材质的樘扇料分别堆放，上、下对齐。

④画线。画线是根据门窗的构造要求，在各根刨好的木料上画出样线，打眼线、榫线等。榫、眼尺寸应符合设计要求，规格必须一致，一般先做样品，经审查合格后再全部画线。

⑤打眼。打眼之前，应选择好凿刀，凿出的眼，顺木纹两侧要直，不得出错槎。全眼要先打背面，先将凿刀沿榫眼线向里，顺着木纹方向凿到一定深度，然后凿横纹方向，凿到一半时，翻转过来再打正面直到贯穿。

⑥开榫、拉肩。开榫又称倒卯，就是按榫头线纵向锯开。拉肩就是锯掉榫头两旁的肩头，通过开榫和拉肩操作就制成了排头。锯出的榫头要方正、平直，榫眼处完整无损，没有在拉肩时锯伤。锯成的榫要求方正，不能伤榫眼。

⑦裁口、倒角。裁口即刨去框的一个方形角，供装玻璃用。用裁口刨子或用歪嘴刨，快刨到线时，用单线刨子刨，刨到为止。裁好的口要求方、正、平，不能有起毛、凹凸不平的现象。

⑧拼装。拼装前对构件进行检查，要求构件方正、顺直、线脚整齐分明、表面光滑、尺寸规格、式样符合设计要求；门窗框的组装，是在一根边梃的眼里，再装上另一边的梃；用锤轻轻敲打慢慢拼合，敲打时要有木块垫在下锤的地方，防止打坏榫头或留下敲打的痕迹。待整个拼好归方以后，再将所有榫头敲实，锯断露出的榫头。拼装先在楔头内抹上胶，再用锤轻轻调打拼合；门窗扇的组装方法与门窗框基本相同。但木扇有门芯板，施工前须先把门芯板按尺寸裁好，一般门芯板下料尺寸比设计尺寸小3~5mm，门芯板的四边应去棱，刨光净好。然后，先把一根门梃平放，将冒头逐个装入，门芯板嵌入冒头与门梃的凹槽内，再将另一根门梃的眼对准榫装入，并用锤敲紧；门窗框、扇组装好后，为使其为一个结实的整体，必须在眼中加木楔，将榫在眼中挤紧，木楔长度为榫头的2/3，宽度比眼宽窄。楔子头用铲顺木纹铲尖，加模时应先检查门窗框、扇的方正，掌握其歪扭情况，以便在加楔时调整、纠正。

⑨码放。加工好的门窗框、扇，应码放在库房内。库房地面应平整，下垫垫木（离地200mm），搁支平稳，以防门窗框、扇变形。库房内应通风，保持室内干燥，保证产品不受潮湿和暴晒；按门窗型号、分类码放、不得紊乱；门窗框靠砌体的一面应刷好防腐、防潮剂。

⑩安装。检查预留洞口后安装门窗框；主体结构完工后，复查洞口尺寸、标高及预埋木砖位置；按洞口门窗型号，将门窗框对号入位；高层建筑，要用经纬仪测设洞口垂直线，按线安装外窗框，使窗框上下在一条垂线上。室内应用水平仪（或按室内墙面500mm基准线）测设窗下横框安装线，按水平线安装；将门窗框用木模临时固定在洞口内的相应位置；内开门窗，靠在内墙

面立框子；外开门窗在墙厚的中间或靠外墙面立框子。当框子靠墙面抹灰层时，内（外）开门窗框应凸出内（外）墙面，其凸出尺寸应等于抹灰层或装饰面层的厚度，以便墙面抹灰或装饰面层与门窗框的表面齐平；门框的锯口线，应调整到与地面建筑标高相一致。用水平尺校正框子冒头的水平度；用吊线锤校正门窗框正、侧面垂直度，并检查门窗框表面的平整度。最后调整木楔楔紧框子；门窗框用砸扁钉帽的钉子钉牢在木砖上。钉子应冲入木框内 1~2mm，每块木砖要钉两处；门窗固定牢固后，其框与墙体的缝隙，按设计要求的材料嵌缝。如采用罐装聚氨酯填缝剂挤注填缝，其嵌缝效果极佳。

（3）门窗扇的安装

1）量出栓口净尺寸，并考虑按规范规定的留缝宽度。确定门窗扇高、宽尺寸，先画出门窗扇中间缝隙的中线，再画出边线，并保证梃宽一致，再上下边画线，按线刨去多余部分。门窗扇为双扇时，应先将高低缝叠合好，并以开启方向的右扇压左扇。

2）平开扇的底边，中悬扇的上下边，上悬扇的下边，下悬扇的上边与框接触，容易擦边，应刨成 1mm 的斜面。门扇的下冒头，与地面表面接触，其留缝宽度，应符合规范规定。

3）试装门窗扇时，应先用木楔塞在门窗扇下边，然后再检查缝隙，并注意两门窗扇楞和玻璃芯子应平直对齐，不得错位；合格后画出合页的位置线，剔槽装合页。

（4）门窗小五金安装

1）合页距门窗上下端宜取立梃高度的 1/10，并应避开上下冒头。

2）五金配件安装应用木螺钉固定，使用木螺钉时，先用手锤打入全长的 1/3，接着用螺栓旋具拧入。硬木应钻 2/3 深度的孔，孔径应略小于木螺钉直径。

（5）质量验收标准

1）主控项目

①木门窗的木材品种、材质等级、规格、尺寸、框扇的线型及人造木板的甲醛含量应符合设计要求。设计未规定材质等级时，所用木材的质量应符合现行国家规范《木门窗》GB/T 29498—2013 的相关规定。

检验方法：观察。

②门窗应采用烘干的木材，含水率不宜大于 12%。

检验方法：检查材料进场验收记录。

③木门窗的防火、防腐、防虫处理，防昆虫纱装设应符合设计要求。

检验方法：观察；检查材料进场验收记录。

④木门窗的结合处和安装配件处不得有木节或已填补的木节。木门窗如有允许限值以内的死节及直径较大的虫眼时，应用同一材质的木塞加胶填补。对于清漆制品，木塞的木纹和色泽应与制品一致。

检验方法：观察。

⑤木窗框和厚度大于 50mm 的门窗扇应用双榫连接。榫槽应该采用胶料严密嵌合，并应用胶楔加紧。

检验方法：观察；手扳检查。

⑥胶合板门、纤维板门和模压门不得脱胶。胶合板不得刨透表层单板，不得有戗槎。制作胶合板门、纤维板门时，边框和横楞应在同一平面上，面层、边框几横楞应加压胶结。横楞和上、下冒头应各钻两个以上的透气孔，透气孔应通畅。

检验方法：观察。

⑦木门窗的品种、类型、规格、开启方向、安装位置及连接方式应符合设计要求。

检验方法：观察；尺量检查；检查成品门的产品合格证书。

⑧木门窗框的安装必须牢固，预埋木砖的防腐处理、木门窗框固定点的数量、位置及固定方法应符合设计要求。

检验方法：观察；手扳检查；检查隐蔽工程验收记录和施工记录。

⑨木门窗扇必须安装牢固，并应开关灵活，关闭严密，无倒翘。

检验方法：观察；开启和关闭检查；手扳检查。

⑩木门窗配件的型号、规格、数量应符合设计要求，安装应牢固，位置应正确，功能应满足使用要求。

检验方法：观察；开启和关闭检查；手扳检查。

2）一般项目

①木门窗表面应洁净，不得有刨痕、锤印。

检验方法：观察。

②木门窗的割角、拼缝应严密平整。门窗框、扇裁口应顺直、刨面应平整。

检验方法：观察。

③木门窗上的槽、孔应边缘整齐，无毛刺。

检验方法：观察。

④木门窗与墙体间缝隙的填嵌材料应符合设计要求，填嵌应饱满。寒冷地区外门窗（或门窗框）与砌体间的空隙应填充保温材料。

检验方法：轻敲门窗框检查；检查隐蔽工程验收记录和施工记录。

⑤木门窗批水、盖口条、压缝条、密封条的安装应顺直，与门窗结合应牢固、严密。

检验方法：观察；手扳检查。

⑥木门窗制作的允许偏差和检验方法应符合表 6-12 的规定。

木门窗制作的允许偏差和检验方法　　　　　　　　　　　　　　　　表 6-12

序号	项目	构件名称	检验方法
1	高度	框、扇	按《门扇 尺寸、直角度和平面度检测方法》GB/T 22636—2008 的规定进行检测
2	宽度	框、扇	
3	厚度	扇	

续表

序号	项目	构件名称	检验方法
4	对角线长度差	框	钢卷尺测量对角线长度、框量裁口里角，扇量外角，计算两对角线之差，精确至 0.5mm
		扇	
5	裁口、线条和结合处高低差	框、扇	钢板尺、塞尺
6	相邻中梃、窗芯两端间距	扇	钢板尺、钢卷尺
7	弯曲度	门、窗的框、扇	用长度不小于被测件尺寸的基准靠尺，紧靠框或扇最大凹面的长边或短边，用塞尺或钢板尺量取最大弦高
8	局部表面平面度	扇	按《门扇 尺寸、直角度和平面度检测方法》GB/T 22636—2008 的规定进行检测

2. 铝合金门窗工程施工技术

（1）一般施工技术要求

1）铝合金门窗的湿法安装施工，应在墙体基层抹灰湿作业后进行门窗框安装固定，待洞口墙体面层装饰湿作业全部完成后，最后进行门窗扇及玻璃的安装与密封。

2）铝合金门窗的干法安装施工，预埋附框应在墙体砌筑时埋入；后置附框应在墙体基层抹灰湿作业安装固定。待洞口墙体面层装饰湿作业全部完成后，最后进行门窗在附加框架上的安装与密封施工。

3）门窗洞口墙体砌筑的施工质量，应符合现行国家标准《砌体结构工程施工质量验收规范》GB 50203—2011 的规定，门窗洞口高、宽尺寸允许偏差为 ±5mm。

4）门窗洞口墙体抹灰及饰面板（砖）的施工质量，应符合现行国家标准《建筑装饰装修工程质量验收标准》GB 50210—2018 的规定，洞口墙体的立面垂直、表面平整度及阴阳角方正等允许偏差，以及洞口窗楣、窗台的流水坡度、滴水线或滴水槽等均应符合其相应的要求。

（2）施工准备

1）铝合金门窗的品种、规格、开启形式应符合设计要求，各种附件配套齐全，并具有产品出厂合格证书。

2）防腐、填缝、密封、保护、清洁材料等应符合设计要求和有关标准的规定。

3）门窗洞口尺寸应符合设计要求，有预埋件或预埋附框的门窗洞口，其预埋件的数量、位置及埋设方法或预埋附框的施工质量应符合设计要求。如有影响门窗安装的问题应及时进行处理。

4）门窗的装配及外观质量，如有表面损伤、变形及松动等问题，应及时进行修理、校正等处理，合格后才能进行安装。

（3）安装施工

6-46动画演示：铝合金门窗制作与安装

动画演示：铝合金门窗制作与安装，扫一扫二维码6-46。

1）门窗框湿法安装应符合下列规定：

①门窗框安装前应进行防腐处理，阳极氧化加电解着色和阳极氧化加有机着色表面处理的铝型材，必须涂刷环保的、与外框和墙体砂浆粘接效果好的防腐蚀保护层；而采用电泳涂漆、粉末喷涂和氟碳漆喷涂表面处理的铝型材，可不再涂刷防腐蚀涂料。

②门窗框在洞口墙体就位，用木楔、垫块或其他器具调整定位并临时楔紧固定时，不得使门窗框型材变形和损坏。

③门窗框与洞口墙体的连接固定应符合下列要求：

a. 连接件应采用 Q235 钢材，其厚度不小于 1.5mm，宽度不小于 20mm，在外框型材室内外两侧双向固定。固定点的数量与位置应根据铝门窗的尺寸、荷载、重量的大小和不同开启形式、着力点等情况合理布置。连接件距门窗边框四角的距离不大于 200mm，其余固定点的间距不超过 400mm。

b. 门窗框与连接件的连接宜采用卡槽连接。如采用紧固件穿透门窗框型材固定连接件时，紧固件宜置于门窗框型材的室内外中心线上，且必须在固定点处采取密封防水措施。

c. 连接件与洞口混凝墙基体可采用特种钢钉（水泥钉）、射钉、塑料胀锚螺栓、金属胀锚螺栓等紧固件连接固定。

d. 砌体墙基体应根据各类砌体材料的应用技术规程或要求确定合适的连接固定方法，严禁用射钉固定门窗。

④门窗框与洞口墙体安装缝隙的填塞，宜采用隔声、防潮、无腐蚀性的材料，如聚氨酯 PU 发泡填缝料等。如采用水泥砂浆填塞，则应采用防水砂浆，并且不能使门窗框胀突变形，临时固定用的木楔、垫块等不得遗留在洞口缝隙内。严禁使用海砂做防水砂浆。

⑤门窗框与洞口墙体安装缝隙的密封应符合下列要求：

a. 门窗框与洞口墙体密封施工前，应先对待粘接表面进行清洁处理，门窗框型材表面的保护材料应除去，表面不应有油污、灰尘；墙体部位应洁净平整。

b. 门窗框与洞口墙体密封，应符合密封材料的使用要求。门窗框室外侧表面与洞口墙体间留出密封槽，确保墙边防水密封胶缝的宽度和深度均不小于 6mm。

c. 密封材料应采用与基材相容并且粘接性能良好的防水密封胶，密封胶施工应挤填密实，表面平整。

2）门窗框干法安装应符合下列规定：

①预埋附框和后置附框在洞口墙基体上的预埋、安装应连接牢固，防水密封措施可靠。后置附框在洞口墙基体上的安装施工，应按前面门窗框湿法安装要求安装。

②门窗框与附框应连接牢固，并采取可靠的防水密封处理措施。门窗框与附框的安装缝隙防水密封胶宽度不应小于 6mm。

③组合门窗拼樘框必须直接固定在洞口墙基体上。

④五金附件的安装应保证各种配件和零件齐全，装配牢固，使用灵活，安全可靠，达到应有的功能要求。

⑤玻璃的安装应符合下列要求：玻璃承重垫块的材质、尺寸、安装位置，应符合设计要求；镀膜玻璃的安装应使镀膜面的方向符合设计要求；玻璃安装就位时，应先清除镶嵌槽内的灰砂和杂物，疏通排水通道；密封胶条应与镶嵌槽的长度吻合，不应过长而凸起离缝，也不应过短而脱离槽角。

⑥密封胶在施工前，应先清洁待粘接基材的粘接表面，确保粘接表面干燥、无油污灰尘。密封胶施工应挤填密实，表面平整。密封胶与玻璃和门窗框、扇型材的粘结宽度不小于 5mm。

（4）质量验收标准

适用于钢门窗、铝合金门窗、涂色镀锌钢板门窗等金属门窗安装工程的质量验收。

1）主控项目

①金属门窗的品种、类型、规格、尺寸、性能、开启方向、安装位置、连接方式及铝合金门窗的型材壁厚应符合设计要求。金属门窗的防腐处理及填嵌、密封处理应符合设计要求。

检验方法：观察；尺量检查；检查产品合格证书、性能检测报告、进场验收记录和复验报告；检查隐蔽工程验收记录。

②金属门窗框和副框的安装必须牢固。预埋件的数量、位置、埋设方式、与框的连接方式必须符合设计要求。

检验方法：手扳检查；检查隐蔽工程验收记录。

③金属门窗扇必须安装牢固，并应开关灵活、关闭严密、无倒翘。推拉门窗扇必须有防脱落措施。

检验方法：观察；开启和关闭检查；手扳检查。

④金属门窗配件的型号、规格、数量应符合设计要求，安装应牢固，位置应正确，功能应满足使用要求。

检验方法：观察；开启和关闭检查；手扳检查。

2）一般项目

①金属门窗表面应洁净、平整、光滑、色泽一致，无锈蚀。大面应无划痕、碰伤。漆膜或保护层应连续。

检验方法：观察。

②铝合金门窗推拉门窗扇开关力应不大于 100N。

检验方法：用弹簧秤检查。

③金属门窗框与墙体之间的缝隙应填嵌饱满，并采用密封胶密封。密封胶表面应光滑、顺直、无裂纹。

检验方法：观察；轻敲门窗框检查；检查隐蔽工程验收记录。

④金属门窗扇的橡胶密封条或毛毡密封条应安装完好，不得脱槽。

检验方法：观察；开启和关闭检查。

⑤有排水孔的金属门窗，排水孔应畅通，位置和数量应符合设计要求。

检验方法：观察。

⑥铝合金门窗制作的允许偏差和检验方法应符合表 6-13 规定。

铝合金门窗制作的允许偏差和检验方法 表 6-13

项次	项目		允许偏差（mm）	检验方法
1	门窗槽口宽度、高度	≤1500mm	1.5	用钢尺检查
		>1500mm	2	
2	门窗槽口对角线长度差	≤2000mm	3	用钢尺检查
		>2000mm	4	
3	门窗框的正、侧面垂直度		2.5	用垂直检测尺检查
4	门窗横框的水平度		2	用1m水平尺和塞尺检查
5	门窗横框标高		5	用钢尺检查
6	门窗竖向偏离中心		5	用钢尺检查
7	双层门窗内外框间距		4	用钢尺检查
8	推拉门窗扇与框搭接量		1.5	用钢直尺检查

任务6.6 编制技术交底文件

技术交底是指开工之前由各级技术负责人将有关工程的各项技术要求逐级向下传达，直到施工现场。技术交底的内容包括图纸交底、施工组织设计交底、设计变更交底和分项工程技术交底。

1. 技术交底内容与方法

（1）编制内容

1）图纸交底。使施工人员了解工程的设计特点、构造做法及要求、使用功能等，以便掌握设计关键，按图施工。

2）施工组织设计交底。使施工人员掌握工程特点、施工方案、任务划分、施工进度、平面布置及各项管理措施等。用先进的技术手段和科学的组织手段完成施工任务。

3）设计变更交底。将设计变更的结果及时向管理人员和施工人员说明，避免施工差错，便于经济核算。

4）分项工程技术交底。包括施工工艺、规范和规程要求、材料使用、质量标准及技术安全措施等。对新技术、新材料、新结构、新工艺、关键部位及特殊要求，要着重交代，必要时做示范。

（2）编制步骤

施工准备情况→主要施工方法→劳动力安排及施工工期→施工质量要求及质量保证措施→环境安全及文明施工等注意事项。

（3）编制技巧

1）不能偏离施工组织设计的内容。

2）应根据实施工程具体特点，综合考虑各种因素，便于实施。

3）技术交底的表达要通俗易懂。

2．设计技术交底程序、内容

技术交底包括设计技术交底和施工技术交底两类。

（1）设计技术交底程序

在施工图完成并经审查合格后，设计单位在设计文件交付施工时，按照法律规定的义务就施工设计文件向施工单位和监理单位做出详细的说明。它是在建设单位主持下由设计单位向各施工单位（土建施工单位和各设备安装单位）进行的交底，主要任务是向施工企业交代建筑的功能特点、设计意图与要求。其目的是让施工单位和监理单位正确理解施工意图，使他们加深对设计文件难点、重点、疑点的理解，掌握关键工程部位的质量要求，确保工程质量。明确第一次设计变更及工程洽商变更。设计交底一般以会议形式进行，由文字记录会议纪要和洽商纪要两部分组成。

（2）设计技术交底内容

1）设计文件的依据：上级批文、规划准备条件、人防要求、建设单位的具体要求及设计合同。

2）建设项目所规划的位置、地形、地貌、气象、水文地质、工程地质、地震烈度。

3）施工图设计依据：包括初步设计文件、市政部门要求、规划部门要求、公用部门要求、其他部门（如绿化、环保、消防、文物等）的要求，主要设计规范、甲方或市场供应的材料情况等。

4）设计意图：包括设计思想、设计方案比较情况，结构、水、暖、电、通信、天然气等的设计意图。

5）施工时应注意事项：包括建筑材料方面的特殊要求，建筑装饰施工要求，广播音响与声学要求，基础施工要求，主体结构采用新结构、新工艺对施工的要求，以及其他新科技产品的要求。

6）建设单位、施工单位审图中提出的需要设计说明的问题。

3．施工技术交底程序、内容

施工技术交底应根据工程规模和技术复杂程度不同采取相应的方法，重大工程或规模大、技术复杂的工程，由施工企业总工程师组织有关部门向分公司和有关施工单位交底；中小型工程一般由分公司主任工程师或项目部的技术负责人向有关职能人员或施工队交底；工长接受交底后，必要时要做样板操作或样板；班长在接受交底后，应组织工人讨论，按要求施工。

技术交底分为口头交底、书面交底和样板交底等。一般情况下以书面交底为主，口头交底为辅。书面交底由交接双方签字归档，遇到重要的难度较大的工程项目，以样板交底、书面交底和口头交底相结合，等交底双方都认可样板操作并签字，按样板做法施工。

（1）施工技术交底程序

建筑施工企业中的技术交底，是在某一单位工程开工之前，或某一个分项工程施工前，由主管技术领导向参与施工的人员进行的技术性交代，其目的是使施工人员对工程特点、技术质量要求、施工方法与措施等方面有一个较详细的了解，以便于科学地组织施工，避免技术质量等事故的发生。各项技术交代的记录是工程技术档案资料中不可缺少的部分。

（2）施工技术交底内容

1）工地（队）交底中的有关内容。

2）施工范围、工程量、工作量和施工进度要求。

3）施工图纸的解释。

4）施工方案措施。

5）操作工艺和保证质量安全的措施。

6）工艺质量标准和评定办法。

7）技术检验和检查验收要求。

8）增产节约指标和措施。

9）技术记录内容和要求。

10）其他施工注意事项。

任务拓展

课堂训练

1．抹灰工程按使用材料和装饰效果不同，可分为_____、_____和_____三类。

2．外墙面砖铺贴方法与内墙釉面砖铺贴方法的区别有_____、_____、_____、_____。

扫一扫，查答案（二维码 6-47）

6-47模块六 课堂训练答案及解析

学习思考

1．内墙抹灰施工工艺包括哪些内容？

2．实木地板地面铺设施工工艺包括哪些内容？

3．轻钢龙骨吊顶施工工艺包括哪些内容？

4. 为什么要进行施工技术交底？

5. 技术交底有哪些内容？

6-48 某图书馆装饰工程项目案例

知识链接

企业案例：某图书馆装饰工程项目案例，扫一扫二维码 6-48。

7

Mokuaiqi Jianzhu Zhuangshi Gongcheng Shigong Xiangmu Guanli

模块七
建筑装饰工程施工项目管理

任务目标

学习目标： 了解施工项目管理的内容和组织形式；掌握施工项目目标控制的内容和任务；熟悉施工项目资源和现场管理的内容和任务。

素质目标： 本模块内容将培养学生团结协作、守正创新思维和质量安全意识。通过对建筑施工项目内容的学习，使学生具备一定的独立分析问题和施工项目目标控制的能力，培养学生组织协调能力。

7-1教学课件：施工现场质量管理检查记录

任务导学

扫描二维码7-1、二维码7-2观看教学课件和企业案例：施工现场质量管理检查记录，某营业部室内外装修工程投标文件案例，观看后思考以下问题：

7-2某营业部室内外装修工程投标文件案例

1. 施工项目管理的内容有哪些？
2. 施工项目目标控制的内容有哪些？
3. 施工项目资源管理的内容有哪些？

任务实施

任务7.1 施工项目管理的内容及组织

施工项目管理是指建筑企业运用系统的观点、理论和方法对施工项目进行的决策、计划、组织、控制、协调等全过程的全面管理。

1. 施工项目管理的内容

施工项目管理包括以下八方面内容：

（1）建立施工项目管理组织。由企业法定代表人采用适当方式选聘称职的施工项目经理；根据施工项目管理组织原则，结合工程规模、特点，选择合适的组织形式，建立施工项目管理机构，明确各部门、各岗位的责任、权限和利益；在符合企业规章制度的前提下，根据施工项目管理的需要，制定施工项目经理部管理制度。

（2）编制施工项目管理规划。在工程投标前，由企业管理层编制施工项目管理大纲，对施工项目管理从投标到保修期满进行全面的纲要性规划。施工项目管理大纲可以用施工组织设计替代。在工程开工前，由项目经理组织编制施工项目管理实施规划，对施工项目管理从开工到交工验收进行全面的指导性规划。当承包人以施工组织设计代替项目管理规划时，施工组织设计应满足项目管理规划的要求。

（3）施工项目的目标控制。在施工项目实施的全过程中，应对项目质量、进度、成本和安全目标进行控制，以实现项目的各项约束性目标。控制的基本过程是：确定各项目标控制标准；在实施过程中，通过检查、对比，衡量目标的完成情况；将衡量结果与标准进行比较，若有偏差，分析原因，采取相应的措施以保证目标的实现。

（4）施工项目的生产要素管理。施工项目的生产要素主要包括劳动力、材料、设备、技术和资金。管理生产要素的内容有：分析各生产要素的特点；按一定的原则、方法，对施工项目的生产要素进行优化配置并评价；对施工项目各生产要素进行动态管理。

（5）施工项目的合同管理。为了确保施工项目管理及工程施工的技术组织效果和目标实现，从工程投标开始，就要加强工程承包合同的策划、签订、履行和管理。同时，还应做好索赔工作，讲究索赔的方法和技巧。

（6）施工项目的信息管理。进行施工项目管理和施工项目目标控制、动态管理，必须在项目实施的全过程中，充分利用计算机对项目有关的各类信息进行收集、整理、储存和使用，提高项目管理的科学性和有效性。

（7）施工现场的管理。在施工项目实施过程中，应对施工现场进行科学有效的管理，以达到文明施工、保护环境、塑造良好的企业形象、提高施工管理水平的目的。

（8）组织协调。协调和控制都是计划目标实现的保证。在施工项目实施过程中，应进行组织协调，沟通和处理好内部及外部的各种关系，排除各种干扰和障碍。

2．施工项目管理的组织

（1）施工项目管理组织的主要形式

施工项目管理组织的形式是指在施工项目管理组织中处理管理层次、管理跨度、部门设置和上下级关系的组织结构的类型。主要的管理组织形式有工作队式、部门控制式、矩阵制式、事业部制式等。

（2）施工项目经理部

施工项目经理部是由企业授权、在施工项目经理的领导下建立的项目管理组织机构，是施工项目的管理层，其职能是对施工项目实施阶段进行综合管理。

1）项目经理部部门设置

目前国家对项目经理部的设置规模尚无具体规定。结合有关企业推行施工项目管理的实际，一般按项目的使用性质和规模分类。只有当施工项目的规模达到以下要求时才实行施工项目管理：$10000m^2$ 以上的公共建筑、工业建筑、住宅建设小区及其他工程项目投资在 500 万元以上的，均实行项目管理。

2）项目部岗位设置

根据项目大小不同，人员安排不同，项目部领导层从上向下设置项目经理、项目技术负责人等；项目部设置最基本的五大岗位：施工员、质量员、安全员、资料员、测量员，其他还有材料员、标准员、机械员、劳务员等。

3）项目经理部的作用

①负责施工项目从开工到竣工的全过程施工生产经营的管理，对作业层负有管理与服务的双重责任。

②为项目经理决策提供信息依据，执行项目经理的决策意图，由项目经理全面负责。

③项目经理部作为项目团队，应具有团队精神，完成企业所赋予的基本任务——项目管理；凝聚管理人员的力量；协调部门之间、管理人员之间的关系；影响和改变管理人员的观念和行为，沟通部门之间、项目经理部与作业队之间、与公司之间、与环境之间的关系。

④项目经理部是代表企业履行工程承包合同的主体，对项目产品和建设单位负责。

4）施工项目的劳动组织

施工项目的劳动力来源于社会的劳务市场，应从以下三方面进行组织和管理：

①劳务输入。坚持"计划管理、定向输入、市场调节、双向选择、统一调配、合理流动"的方针。

②劳动力组织。劳务队伍均要以整建制进入施工项目，由项目经理部和劳务分公司配合，双方协商共同组建栋号（作业）承包队，栋号（作业）承包队的组建要注意打破工种界限，实行混合编组，提倡一专多能、一岗多职。

③项目经理部对劳务队伍的管理。对于施工劳务分包公司组建的现场施工作业队，除配备专职的栋号负责人外，还要实行"三员"管理岗位责任制：即由项目经理派出专职质量员、安全员、材料员，实行一线职工操作全过程的监控、检查、考核和严格管理。

任务 7.2 施工项目目标控制

施工项目目标控制包括施工项目进度控制、施工项目质量控制、施工项目成本控制、施工项目安全控制四个方面。

1. 施工项目目标控制的内容

（1）施工项目进度控制。施工项目进度控制指在既定的工期内，编制出最优的施工进度计划，在执行该计划的施工中，经常检查施工实际进度情况，并将其与计划进度相比较，若出现偏差，便分析产生的原因和对工期的影响程度，找出必要的调整措施，修改原计划，不断地如此循环，直至工程竣工验收。施工项目进度控制的总目标是确保施工项目的合同工期的实现，或者在保证施工质量和不因此增加施工实际成本的条件下，适当缩短工期。

（2）施工项目质量控制。施工项目质量控制指对项目的实施情况进行监督、检查和测量，并将项目实施结果与事先制定的质量标准进行比较，判断其是否符合质量标准，找出存在的偏差，分析偏差形成原因的一系列活动。项目质量控制贯穿于项目实施的全过程。

（3）施工项目成本控制。施工项目成本控制指在成本形成过程中，根据事先制定的成本目标，对企业经常发生的各项生产经营活动按照一定的原则，采用专门的控制方法，进行指导、调节、限制和监督，将各项生产费用控制在原来所规定的标准和预算之内。如果发生偏差或问题，应及时进行分析研究，查明原因，并及时采取有效措施，不断降低成本，以保证实现规定的成本目标。

（4）施工项目安全控制。施工项目安全控制指经营管理者对施工生产过程中的安全生产工作进行的策划、组织、指挥、协调、控制和改进的一系列活动，其目的是保证在生产经营活动中的人身安全、资产安全，促进生产的发展，保持社会的稳定。安全管理的对象是生产中一切人、物、环境、管理状态，安全管理是一种动态管理。

2. 施工项目目标控制的任务

施工项目目标控制的任务是进行以项目进度控制、质量控制、成本控制和安全控制为主要内容的四大目标控制。这四项目标是施工项目的约束条件，也是施工效益的象征。其中前三项目标是指施工项目成果，而安全目标则是指施工过程中人和物的状态。也就是说，安全既指人身安全，又指财产安全。所以，安全控制既要克服人的不安全行为，又要克服物的不安全状态。施工项目目标控制的任务见表7-1。

施工项目目标控制的任务　　　　　　　　　　　　　　　　　　　　　表 7-1

控制目标	具体控制任务
进度控制	使施工顺序合理，衔接关系适当，连续、均衡、有节奏地施工，实现计划工期，提前完成合同工期
质量控制	使分部分项工程达到质量检验评定标准的要求，实现施工组织设计中保证施工质量的技术组织措施和质量等级，保证合同质量目标等级的实现
成本控制	实现施工组织设计的降低成本措施，降低每个分项工程的直接成本，实现项目经理部的营利目标，实现公司利润目标及合同造价
安全控制	实现施工组织设计的安全设计和措施，控制劳动者、劳动手段和劳动对象，控制环境，实现安全目标，使人的行为安全，物的状态安全，断绝环境危险源

任务 7.3　施工项目资源和现场管理

1. 施工项目资源管理的内容和任务

施工项目资源，也称施工项目生产要素，是指投入施工项目的劳动力、材料、机械设备、技术和资金等要素。施工项目生产要素是施工项目管理的基本要素，施工项目管理实际上就是根据施工项目的目标、特点和施工条件，通过对生产要素的有效和有序地组织管理项目，并实现最终目标。施工项目的计划和控制的各项工作最终都要落实到生产要素管理上。生产要素的管理对施工项目的质量、成本、进度和安全都有重要影响。

（1）施工项目资源管理的内容

1）劳动力。当前，我国在建筑业企业中设置施工劳务企业序列，施工总承包企业和专业承包企业的作业人员按合同由施工劳务企业提供。劳动力管理主要依靠施工劳务企业项目经理部协助管理。施工项目中的劳动力，关键在使用，使用的关键在提高效率，提高效率的关键是如何调动职工的积极性，调动积极性的最好办法是加强思想政治工作和利用行为科学，从劳动力个人的需要与行为的关系的观点出发，进行恰当的激励。

2）材料。建筑材料按在生产中的作用可分为主要材料、辅助材料和其他材料。其中主要材料指在施工中被直接加工，构成工程实体的各种材料，如钢材、水泥、木材、砂、石等。辅助材料指在施工中有助于产品的形成，但不构成实体的材料，如促凝剂、隔离剂、润滑物等。其他材料指不构成工程实体，但又是施工中必需的材料，如燃料、油料、砂纸、棉纱等。另外，还有周转材料（如脚手架材、模板材等）、工具、预制构配件、机械零配件等。建筑材料还可以按其自然属性分类，包括金属材料、硅酸盐材料、电气材料、化工材料等。施工项目材料管理的重点在现场、在使用、在节约和核算。

3）机械设备。施工项目的机械设备，主要是指作为大型工具使用的大、中、小型机械，既是固定资产，又是劳动手段。施工项目机械设备管理的环节包括选择、使用、保养、维修、改造、更新。其关键在使用，使用的关键是提高机械效率，提高机械效率必须提高利用率和完好率。利用率的提高靠人，完好率的提高在于保养与维修。

4）技术。施工项目技术管理，是对各项技术工作要素和技术活动过程的管理。技术工作要素包括技术人才、技术装备、技术规程、技术资料等。技术活动过程指技术计划、技术运用、技术评价等。技术作用的发挥，除决定于技术本身的水平外，极大程度上还依赖于技术管理水平。没有完善的技术管理，先进的技术是难以发挥作用的。施工项目技术管理的任务有四项：①正确贯彻国家和行政主管部门的技术政策，贯彻上级对技术工作的指示与决定；②研究、认识和利用技术规律，科学地组织各项技术工作，充分发挥技术的作用；③确立正常的生产技术秩序，进行文明施工，以技术保证工程质量；④努力提高技术工作的经济效果，使技术与经济有机地结合。

5）资金。施工项目的资金，是一种特殊的资源，是获取其他资源的基础，是所有项目活动的基础。资金管理主要有以下环节：编制资金计划，筹集资金，投入资金（施工项目经理部收入），资金使用（支出），资金核算与分析。施工项目资金管理的重点是收入与支出问题，收支之差涉及核算、筹资、贷款、利息、利润、税收等问题。

（2）施工项目资源管理的任务

1）确定资源类型及数量。具体包括：①确定项目施工所需的各层次管理人员和各工种工人的数量；②确定项目施工所需的各种物资资源的品种、类型、规格和相应的数量；③确定项目施工所需的各种施工设施的定量需求；④确定项目施工所需的各种来源的资金的数量。

2）确定资源的分配计划。包括编制人员需求分配计划、编制物资需求分配计划、编制施工设备和设施需求分配计划、编制资金需求分配计划。在各项计划中，明确各种施工资源的需求在时间上的分配，以及在相应的子项目或工程部位上的分配。

3）编制资源进度计划。资源进度计划是资源按时间的供应计划，应视项目对施工资源的需用情况和施工资源的供应条件而确定编制哪种资源进度计划。编制资源进度计划能合理地考虑施工资源的运用，这将有利于提高施工质量，降低施工成本，加快施工进度。

4）施工资源进度计划的执行和动态调整。施工项目施工资源管理不能仅停留于确定和编制上述计划，在施工开始前、施工过程中应落实和执行所制订的有关资源管理的计划，并视需要对其进行动态的调整。

2．施工现场管理的内容和任务

施工现场是指从事工程施工活动经批准占用的施工场地。它既包括红线以内占用的建筑用地和施工用地，又包括红线以外现场附近经批准占用的临时施工用地。施工现场管理就是运用科学的思想、组织、方法和手段，对施工现场的人、设备、材料、工艺、资金等生产要素，进行有计划地组织、控制、协调、激励，来保证预定目标的实现。

（1）施工现场管理的内容

1）规划及报批施工用地。根据施工项目及建筑用地的特点科学规划，充分、合理使用施工现场场内占地；当场内空间不足时，应同发包人按规定向城市规划部门、公安交通部门申请，经批准后，方可使用场外施工临时用地。

2）设计施工现场平面图。根据建筑总平面图、单位工程施工图、拟定的施工方案、现场地理位置和环境及政府部门的管理标准，充分考虑现场布置的科学性、合理性、可行性，设计施工总平面图、单位工程施工平面图；单位工程施工平面图应根据施工内容和分包单位的变化，设计出阶段性施工平面图，并在阶段性进度目标开始实施前，通过施工协调会议确认后实施。

3）建立施工现场管理组织。一是项目经理全面负责施工过程中的现场管理，并建立施工项目经理部体系。二是项目经理部应由主管生产的副经理，项目技术负责人，生产、技术、质量、安全、保卫、消防、材料、环保、卫生等管理人员组成。三是建立施工项目现场管理规章制度、管理标准、实施措施、监督办法和奖惩制度。四是根据工程规模、技术复杂程度和施工现场的具体情况，遵循"谁生产、谁负责"的原则，建立按专业、岗位、区片划分的施工现场管理责任制，并组织实施。五是建立现场管理例会和协调制度，通过调度工作实施的动态管理，做到经常化、制度化。

4）建立文明施工现场。一是按照国务院及地方建设行政主管部门颁布的施工现场管理法规和规章，认真管理施工现场。二是按审核批准的施工总平面图布置管理施工现场，规范场容。三是项目经理部应对施工现场场容、文明形象管理作出总体策划和部署，分包人应在项目经理部指导和协调下，按照分区划块原则做好分包人施工用地场容、文明形象管理的规划。四是经常检查施工项目现场管理的落实情况，听取社会公众、近邻单位的意见，发现问题及时处理，不留隐患，避免再度发生，并实施奖惩。五是接受政府住房和城乡建设行政主管部门的考评和企业对建设工程施工现场管理的定期抽查、日常检查、考评和指导。六是加强施工现场文明建设，展示和宣传企业文化，塑造企业及项目经理部的良好形象。

5）及时清场转移。施工结束后，应及时组织清场，向新工地转移。同时，组织剩余物资退场，拆除临时设施，清除建筑垃圾，按市容管理要求恢复临时占用土地。

（2）施工现场管理的任务

施工现场管理的任务，具体可以归纳为以下几点：

1）全面完成生产计划规定的任务，含产量、产值、质量、工期、资金、成本、利润和安全等。

2）按施工规律组织生产，优化生产要素的配置，实现高效率和高效益。

3）搞好劳动组织和班组建设，不断提高施工现场人员的思想和技术素质。

4）加强定额管理，降低物料和能源的消耗，减少生产储备和资金占用，不断降低生产成本。

5）优化专业管理，建立完善管理体系，有效地控制施工现场的投入和产出。

6）加强施工现场的标准化管理，使人流、物流高效有序。

7）治理施工现场环境，改变"脏、乱、差"的状况，注意保护施工环境，做到施工不扰民。

任务拓展

课堂训练

1. 施工项目管理的特点是_____、_____、_____、_____。

2._____是项目经理部解体善后工作的主管部门，主要负责项目经理部解体后工程项目在保修期间问题的处理，包括因质量问题造成的返（维）修、工程剩余价款的结算以及回收等。

3. 一般项目经理部可设置_____、_____、_____、_____、_____等 5 个部门。

扫一扫，查答案（二维码 7-3）

7-3模块七　课堂训练答案及解析

学习思考

1. 施工项目管理的组织形式有哪些？

2. 施工项目目标控制的任务有哪些？

3. 施工项目资源管理的任务有哪些？

7-4某福利院室内装饰设计项目案例

知识链接

企业案例：某福利院室内装饰设计项目案例，扫一扫二维码 7-4。

8

模块八
建筑装饰工程施工进度管理

任务目标

学习目标：了解施工进度计划类型、工作内容；掌握施工进度计划编制方法；能够应用横道图方法编制分部（分项）工程施工进度计划；了解装饰工程施工段的划分；熟悉施工进度计划编制内容、步骤；掌握编制月、旬（周）作业进度计划及资源配置计划的方法；掌握施工进度计划调整方法。

素质目标：本模块内容将培养学生高效守约、诚实守信、统筹兼顾的思维意识。通过对施工进度计划内容的学习，培养进度管控过程中统筹兼顾的思维意识，使学生牢固树立进度控制、按时守约的诚信意识。

任务导学

扫描二维码 8-1 观看企业案例：某营业网点装饰工程施工组织设   8-1 某营业网点装饰工程施工组织设计案例
计案例，观看后思考以下问题：

1. 施工进度计划工作内容有哪些？

2. 如何划分装饰工程施工段？

3. 如何编制施工进度计划？

任务实施

任务 8.1　施工进度计划编制方法

1. 施工进度计划类型、工作内容

（1）施工进度计划类型

施工进度计划包括项目工程的施工进度计划、单位工程的施工进度计划等内容。

施工进度总计划是根据施工部署和施工方案，以拟建项目交付使用的时间为目标，对全工地的所有工程项目做出时间上的安排。其作用在于确定、控制施工项目的总工期和各单位工程的施工期限与相互搭接关系。准确地编制施工总进度计划是保证各项目以及整个建设工程按期交付使用、充分发挥投资效益、降低建筑工程成本的重要条件。

单位工程的施工进度计划的作用是控制单位工程的施工进度，保证在规定工期内完成符合质量要求的工程任务；确保单位工程各个施工过程的施工顺序、施工持续时间及相互衔接和合理配合关系；为编制季度、月度生产作业计划提供依据；是制定各项资源需求量计划的依据。

（2）施工进度计划工作内容

在工程项目进度计划的实施过程中，由于资源供应和自然条件等因素的影响而打破原有进度计划的情况经常发生，这就说明计划的平衡是相对的，不平衡是绝对的。因此，在计划的

实施过程中采取相应的措施进行管理是十分必要的。进度计划实施的工作内容包括以下几个方面：

1）组织落实工作。为了保证进度计划得以实施，必须有组织保证，建立相应的组织机构。其主要作用包括编制实施计划、落实保证措施、监测执行情况、分析与控制计划执行情况。要将工期总目标层层分解，落实到各部门或个人，形成进度计划控制目标体系，作为实施进度计划控制的依据。

2）编制进度实施计划。进度实施计划的主要内容包括：

①进度控制目标分解图；

②进度控制的主要工作内容；

③进度控制人员的具体分工；

④与进度控制相关工作的时间安排；

⑤进度控制的具体方法；

⑥进度控制的组织措施、技术措施、经济措施；

⑦影响进度目标实现的风险识别与分析。

3）抓重点关键。在计划进度实施中，要分清主次轻重，抓住重点和关键工作，着力解决好对总进度目标起关键作用的问题，可以起到事半功倍的作用。

4）重视调度工作。调度工作是组织进度计划实施的重要环节，它要为进度计划的顺利执行创造各种必要条件。它的主要任务包括：

①落实材料加工进货，组织资源进场；

②落实人力资源，组织人力资源平衡工作；

③检查计划执行情况，掌握项目进展动态；

④预测进度计划执行中可能出现的问题；

⑤及时采取措施，保证进度目标的实现；

⑥召开调度会议，做出调度决议。

2．施工进度计划编制方法

（1）流水施工进度计划

流水施工是在施工中组织连续作业、组织均衡生产的一种科学的施工方法。对于符合流水施工条件，经过流水施工效果分析，相对于依次作业可节省时间的工程，可以编制流水作业施工进度计划来组织施工。流水施工进度计划的编制方法概括为以下几个方面：

1）组织流水施工的条件和效果分析

①组织流水施工的条件

a．把工程项目整个施工过程分解为若干个施工过程，每个施工过程分别由固定的专业工作队实施完成。

b．把工程项目尽可能地划分为劳动量大致相等的施工段（区）。

c．确定各施工专业队在各工段内工作持续时间。这个工作持续时间又叫"流水节拍"，代表施工的节奏性。

d. 各个工作队按照一定的施工工艺，配备必要的机具，依次、连续地由一个工段转移到另一个工段，反复完成同类工作。

e. 不同工作队完成施工过程的时间适当地接起来。

②组织流水施工的效果

a. 可以节省工作时间。

b. 可以实现均衡、有节奏的施工。

c. 可以提高劳动生产率。

2）流水参数确定

①工艺参数。工艺参数是指一组流水施工中施工过程的个数。

②空间参数。空间参数是指单体工程划分的施工段或群体工程划分的施工区个数。

③时间参数。

a. 流水节拍。它是指某个专业队在一个施工段上的施工作业时间。

b. 流水步距。它是指两个相邻的施工队进入流水作业的时间间隔，以符号"K"表示。

c. 工期。它是指从第一个专业队开始，到最后一个专业队完成最后一个施工过程的最后一段工作退出施工流水作业为止的整个延续时间。

3）流水作业的组织方法

①等节拍流水的组织方法。组织等节拍流水，一是使各施工段的工程量基本相等；二是要确定主导施工过程的流水节拍；三是使其他施工过程的流水节拍与主导施工过程的流水节拍相等，做到这一点的办法主要是协调各专业队的人数。如果是线性工程，也可以组织等节拍流水，具体要求如下：

a. 将线性工程对象划分为若干个施工过程；

b. 通过分析，找出对工期起主导作用的施工过程；

c. 根据完成主导施工过程工作的队或机械的每班生产率确定专业队的移动速度；

d. 再根据这速度计算其他施工过程的流水作业，使之与主导施工过程相配合。即工艺上密切联系的专业队，按一定工艺顺序相继投入，各专业队以一定不变的速度沿着线性工程的长度方向不断向前移动，每天完成同样长度的工作内容。

②异节拍流水的组织方法。在实际工作中，当各工作队的流水节拍都是某一个常数的倍数，就可以按等节拍流水的方式组织施工，产生与等节拍流水施工同样的效果。这种组织方式可称为异节拍流水或成倍节拍流水。异节拍流水的组织方法如下：

a. 以最大公约数去除各流水节拍，其商数就是各施工过程所需要组建的工作队数；

b. 分配每个工作队负责的施工段，以便按时到位作业；

c. 以常数为流水步距，绘制作业图表；

d. 检查图表的正确性，防止发生错误。既不能有"超作业"，又不能有中间停歇；

e. 计算工期。

③无节拍流水的组织方法。无节拍流水可用分别流水法施工。分别流水法的实质是各工程队连续作业（流水），流水步距经计算确定。使工作队之间在一个施工段内不相互干扰（不超前，但

可能滞后），或做到前后工作队之间工作紧紧衔接。因此，组织无节拍流水的关键在于正确计算流水步距。计算流水步距可用最大差法，其步骤如下：

　　a. 累加各施工过程的流水节拍，形成累加数列；

　　b. 相邻两施工过程的累加数错位相减；

　　c. 取差数之大者作为该两个施工过程的流水步距。

　　（2）横道图施工进度计划

　　横坐标表示流水施工的持续时间；纵坐标表示开展流水施工的施工过程以及专业工作队的名称、编号和数目；呈梯形分布的水平线段表示流水施工的开展情况。其表达方式如图 8-1 所示。

　　施工总进度横道图的编制。根据施工进度计划编制的原则和依据，针对编制的内容，在保证拟建工程在规定的期限内连续、均衡、保质、保量地完成施工任务的前提下，按下述步骤编制总进度计划。

　　1）划分工程项目并确定其施工顺序。

　　2）估算各项目的工程量并确定其施工工期。

　　3）搭接各施工项目并编制初步施工进度计划。

　　4）调整初步进度计划并最终确定进度计划。

　　5）依据横道图进度计划的绘制方法，绘制完整、清晰、合理的施工总进度横道图。

　　单位工程施工进度横道图的编制。单位工程施工进度计划编制的理论依据是流水作业原理，一般方法是，首先根据流水作业原理，编制各分部工程进度计划；然后依据流水作业原理搭接各分部工程流水计划，并合理安排其他不便组织流水施工的某些工序，形成单位工程进度计划。

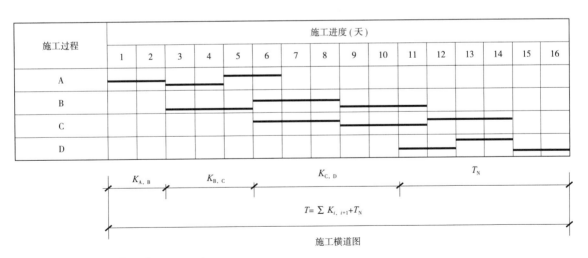

施工横道图

　　　T——流水施工的计算总工期；

$\sum K_{i,\,i+1}$——流水施工中各流水步距之和；

　　T_N——流水施工中最后一个施工过程的持续时间；

　　K——流水步距

图 8-1　流水施工的表达方式

根据单位工程施工进度计划编制的依据，按照以下工作前后顺序编制横道图：收集编制依据、划分项目、计算工程量、套用工程量、套用施工定额、计算劳动量和机械台班需用量、确定持续时间、确定各项目之间的关系、绘制进度计划横道图、判别进度计划并作必要的调整、绘制正式单位工程横道图、检查并调整。

任务8.2   施工区段划分

1. 装饰工程施工段的划分

施工区段是指工程对象在组织流水施工中所划分的施工区域。其目的就是保证不同施工队组能在不同施工区段上同时进行施工，消灭互等、停歇现象。施工段划分，就是将每一个施工层面划分为两个或几个工作量大致相同的区段。合理安排施工段，可提高建筑工程的综合施工效益。

（1）划分施工段的目的

由于建筑工程体型庞大，可以将其划分成若干个施工段，为组织流水施工提供足够的空间。在一般情况下，一个施工段在同一时间内，只安排一个专业工作队施工，各专业工作队遵循施工工艺顺序依次投入作业，同一时间内在不同的施工段上平行施工，使流水施工均衡地进行。

（2）划分施工段的原则

划分施工段时应把握以下四个原则：

1）施工段的数目要适宜。过多会降低效率，延缓工期；过少则不利于充分利用工作面，可能造成窝工。

2）施工段的界限应尽可能与结构界限（如沉降缝、伸缩缝等）相吻合。

3）各个施工段上的劳动量要大致相等，相差不宜超过15%。

4）组织具有层间联系的流水施工时，每层施工段数应满足：施工段数 $M>$ 施工过程数 N。

2. 施工顺序及确定要求

施工顺序是指工程开工后各分部分项工程施工的先后顺序。确定施工顺序就是为了按照客观的施工规律组织施工。

建筑装饰工程的施工程序一般有先室外后室内、先室内后室外及室内外同时进行三种情况。应根据工期要求、劳动力配备情况、气候条件、脚手架类型等因素综合考虑。

（1）建筑物基层表面的处理。对新建工程基层的处理一般要使其表面粗糙，以加强装饰面层与基层之间的粘结力。对改造工程或在旧建筑物上进行二次装饰，应对拆除的部位、数量、拆除物的处理办法等做出明确规定，以确保装饰施工质量。

（2）设备安装与装饰工程。先进行设备管线的安装，再进行建筑装饰工程的施工，总的规律是预埋＋封闭＋装饰。在预埋阶段，先通风、后水暖管道、再电气线路；在封闭阶段，先墙面、后顶面、再地面；在装饰阶段，先油漆、后裱糊、再面板。

（3）新建工程的装饰工程施工顺序。室外工程根据材料和施工方法的不同，分别采用自下而上

（干挂石材）、自上而下（涂料喷涂）的方式。室内装饰则有自上而下、自下而上及自中而下再自上而中三种。

（4）确定施工顺序的基本原则。

1）符合施工工艺的要求。如吊顶工程必须先固定吊筋，再安装主次龙骨。

2）房间的使用功能和施工方法要协调一致。如卫生间的改造施工顺序一般是：旧物拆除→改上下水管道→改管线→地面找坡＋安门框……要先进行基层的处理，再实施裱糊。

3）考虑施工组织的要求。如油漆和安装玻璃的顺序，可以先安装玻璃后油漆，也可先油漆后安装玻璃，但从施工组织的角度看，后一种方案比较合理，这样可以避免玻璃被油漆污染。

4）考虑施工质量的要求。如对于装饰抹灰，面层施工前必须检查中层抹灰的质量，合格后进行洒水湿润。

5）考虑施工工期的要求。

6）考虑气候条件。如在冬季或风沙较大地区，必须先安装门窗玻璃，再对室内进行装饰施工，用以保温或防污染。

7）考虑施工的安全因素。如大面积油漆施工应在作业面附近无电焊的条件下进行，防止气体被点燃。

8）设备对施工流向的影响。如外墙进行玻璃幕墙装饰，安装立筋时，如果采用滑架，一般从上往下安装，若采用满堂脚手架，则从下往上安装。

（5）总体施工顺序原则。

总体施工顺序原则如图 8-2 所示。

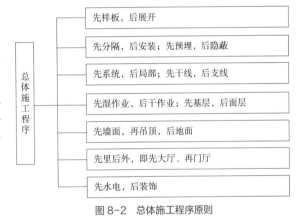

图 8-2　总体施工程序原则

任务 8.3　编制施工进度计划及资源需求计划

施工进度计划是在施工方案的基础上，根据规定工期和物资技术供应条件，遵循工程的施工顺序，用图表形式表示各分部分项工程搭接关系及开竣工时间的一种计划安排。

1. 编制内容

控制性施工进度计划是以分部工程作为施工项目划分对象，控制各分部工程的施工时间及它们之间相互配合、搭接关系的一种进度计划。它主要适用于结构较复杂、规模较大、工期较长需跨年度施工的工程，同时还适用于虽然工程规模不大、结构不算复杂，但各种资源（劳动力、材料、机具）没有落实，或者由于装饰设计的部位、材料等可能发生变化以及其他各种情况。

指导性施工进度计划按分项工程或施工过程来划分施工项目，具体确定各施工过程的施工时间及其相互搭接、相互配合的关系。它适用于任务具体明确、施工条件基本落实、各项资源供应正常、施工工期不太长的工程。编制控制性施工进度计划的工程，当各分部工程的施工条件基本落实之后，在施工之前还应编制各分部工程的指导性施工进度计划。

2．编制步骤

（1）划分施工项目。施工项目是包括一定工作内容的施工过程，是进度计划的基本组成单元，项目划分的一般要求和方法如下：

1）施工项目的划分。根据施工图纸、施工方案，确定拟建工程可划分成哪些分部分项工程，如油漆工程、吊顶工程、墙面装饰工程等。

2）施工项目划分的粗细。一般对于控制性施工进度计划，其施工项目可以粗一些，通常只列出施工阶段及各施工阶段的分部工程名称；对于指导性施工进度计划，其施工项目的划分可细一些，特别是其中主导工程和主要分部工程，应尽量做到详细、具体、不漏项，以便于掌握施工进度，起到指导施工的作用。

3）划分施工过程要考虑施工方案和施工机械的要求。

4）计划简明清晰、突出重点。一些次要的施工过程应合并到主要的施工过程中去；对于在同一时间内由同一施工班组施工的过程可以合并，如门窗油漆、家具油漆、墙面油漆等油漆均可并为一项。

5）水、电、暖、卫和设备安装等专业工程的划分。水、电、暖、卫和设备安装等专业工程不必细分具体内容，由各个专业施工队自行编制计划并负责组织施工，而在单位建筑装饰工程施工进度计划中只要反映出这些工程与装饰工程的配合关系即可。

6）抹灰工程的要求。多层建筑的外墙抹灰工程可能有若干种装饰抹灰的做法，但一般情况下合并为一项；室内的各种抹灰，一般要分别列项。

7）区分直接施工与间接施工。直接在拟建装饰工程的工作面上施工的项目，经过适当合并后均应列出。不在现场施工而在拟建装饰工程工作面之外完成的项目，如各种构件在场外预制及其运输过程，一般可不必列项，只要在使用前运入施工现场即可。

（2）确定施工顺序。在合理划分施工项目后，还需确定各装饰工程施工项目的施工顺序，主要考虑施工工艺的要求、施工组织的安排、施工工期的规定以及气候条件的影响和施工安全技术的要求，使装饰工程施工在理想的工期内，质量达到标准要求。

（3）计算工程量。工程量的计算应根据有关资料、图纸、计算规则及相应的施工方法进行确定，若编制计划时已经有预算文件，则可以直接利用预算文件中的有关工程量数据。计算工程量应注意如下问题：

1）工程量的计量单位应与现行装饰工程施工定额的计量单位一致。

2）计算所得工程量与施工实际情况相符合。

3）结合施工组织的要求，分区、分段、分层计算工程量，以便组织流水作业层。

4）正确取用预算文件中的工程量。

（4）套用施工定额。施工定额一般有两种形式，即时间定额和产量定额。套用国家或当地颁发的定额，有些采用新技术、新工艺、新材料或特殊施工方法的项目，定额中尚未编入，这样可以参考类似项目的定额、经验资料，按实际情况确定。

（5）计算劳动量与机械台班量。

（6）确定各分部分项工程的作业时间。

1）经验估算法。当遇到新技术、新材料、新工艺等无定额可循的工种时，为了提高其准确程度，往往采用"三时估计法"。"三时"即最乐观时间、正常时间、最悲观时间。

2）定额计算法。这种方法是根据施工项目需要的劳动量或机械台班量以及配备的劳动人数或机械台班数来确定其工作的延续时间。

3）倒排计划法。根据规定的工程总工期及施工方式、施工经验，先确定各分部分项工程的施工持续时间，再按各分部分项工程所需的劳动量或机械台班量，计算出每个施工过程的施工班组所需的工人人数或机械台班数。

（7）编制施工进度计划初步方案。在上述各项内容完成以后，可以进行施工计划初步方案的编制。在考虑各施工过程的合理施工顺序的前提下，先安排主导施工过程的施工进度，并尽可能组织流水施工，力求主要工种的施工班组连续施工，其余施工过程尽可能配合主导施工过程，使各施工过程在工艺和工作面允许的条件下，最大限度地合理搭配、配合、穿插、平行施工。

3.编制月、旬（周）作业进度计划及资源配置计划

作业进度计划是施工企业统一计划体系中的实施性计划，它把施工企业的施工计划任务、工程的施工进度计划和施工现场结合起来使之彼此协调，以明确的任务下达给执行者，因而是基层施工单位进行施工的直接依据。

资源配置计划是根据企业施工计划、拟建工程施工组织设计和现场实际情况编制的，它是以实现企业施工计划为目的的具体执行计划，也是队（组）进行施工的依据。

（1）本月、旬（周）应完成的施工任务。一般以施工进度计划的形式表示，确定计划期内应完成的工程项目和事物工程量。

（2）完成作业计划任务所需的劳动力、材料、半成品、构配件等的需用量。

（3）提高劳动生产率的措施和节约措施。

4.施工进度计划调整方法

在编制施工进度计划的初始方案后，我们还需根据合同规定、经济效益及施工条件等对施工进度计划进行检查、调整和优化。首先检查工期是否符合要求，资源供应是否均衡，工作队是否连续作业，施工顺序是否合理，各施工过程之间搭接以及技术间歇、组织间歇是否符合实际情况；然后进行调整，直至满足要求；最后编制正式施工进度计划。

（1）增加资源投入。缩短某些工作的持续时间，使工程进度加快，并保证实现计划工期。

（2）改变某些工作之间的逻辑关系。在工作之间的逻辑关系允许改变的条件下，可改变逻辑关系，达到缩短工期的目的。

（3）调整资源供应。如果资源供应发生异常，应用资源优化方法对计划进行调整，或采取应急措施，使其对工期影响最小。

（4）增减工作范围。包括增减工作量和增减一些工作包（或分项工程）。增加工作内容应做到不打乱原计划的逻辑关系，只对局部逻辑关系进行调整。在增减工作内容以后，应重新计算时间参数，分析对原网络计划的影响。

（5）提高劳动生产率。改善工器具以提高劳动效率；通过辅助措施和合理的工作过程，提高劳动生产率。

（6）将部分任务转移。如分包、委托给另外的单位，将原计划由自己企业生产的结构构件改为外购等。这样做会产生风险，会产生新的费用，而且需要增加控制和协调工作。

（7）将一些工作包合并。特别是在关键线路上按先后顺序实施的工作包合并，与实施者一道研究，通过局部地调整实施过程和人力、物力的分配，达到缩短工期的目标。

任务拓展

课堂训练

1. 横道图横坐标表示_____，纵坐标表示_____以及专业工作队的_____、_____和_____。

2._____是包括一定工作内容的施工过程，是进度计划的基本组成单元。

3. 指导性施工进度计划适用于_____、_____、_____、_____工程。

扫一扫，查答案（二维码 8-2）

8-2模块八　课堂训练答案及解析

学习思考

1. 施工进度计划有几种类型？

2. 如何编制横道图进度计划？

3. 流水施工进度计划的编制方法是什么？

8-3某创客中心设计方案项目案例

知识链接

企业案例：某创客中心设计方案项目案例，扫一扫二维码 8-3。

9

模块九
建筑装饰工程成本管理

任务目标

学习目标： 了解装饰工程成本的组成与影响因素；熟悉装饰工程施工成本控制的基本内容、要求；掌握装饰工程施工成本分析；掌握装饰工程施工成本控制的依据和措施；能够编制工程量清单计价表；能够进行工程结算。

素质目标： 本模块内容将培养学生勤俭节约、成本控制的意识。通过对建筑装饰工程造价知识的学习，使学生具备装饰工程量计算和计价的能力，提高学生成本控制的意识和能力。

9-1动画视频：顶棚轻钢龙骨吊顶工程量计算

任务导学

扫描二维码 9-1~ 二维码 9-3观看动画视频、企业案例：顶棚轻钢龙骨吊顶工程量计算、顶棚轻钢龙骨吊顶计价、某装饰项目施工组织设计案例，观看后思考以下问题：

1. 装饰工程施工成本管理的内容有哪些？
2. 如何进行装饰工程施工成本控制？
3. 如何进行装饰工程工程量清单计算？
4. 如何进行装饰工程清单综合计价？

9-2动画视频：顶棚轻钢龙骨吊顶计价

9-3某装饰项目施工组织设计案例

任务实施

任务 9.1 装饰工程施工成本管理内容

1. 装饰工程成本组成与影响因素

（1）工程造价基本知识

工程造价即为工程的建造所需的费用。从不同的角度衡量，工程造价的含义有三种。

从投资者——业主的角度来定义的工程造价是指进行某项工程建设花费的全部费用，即该工程项目有计划地进行固定资产再生产和形成相应无形资产的一次性费用总和。投资者选定一个投资项目后，为了获取预期的效益，要通过项目评估进行投资决策，然后进行勘察设计招标、工程施工招标、设备采购招标、工程监理招标、生产准备、银行融资直至竣工验收等一系列投资管理活动。整个投资活动过程中所支付的全部费用形成了固定资产投资费用和无形资产，所有这些费用开支构成了工程造价。

从新增固定资产的建设投资来定义的工程造价是指一项建设工程项目预计开支或实际开支的全部固定资产投资费用，包括：建筑工程费、设备购置费、安装工程费及固定资产其他费用。建筑工程费和安装工程费统称建筑安装工程费用。建筑工程费包括土建工程费和装饰工程费。

从市场的角度来定义的工程造价就是指工程价格，是建设单位支付给施工单位的全部费用，是建筑安装工程产品作为商品进行交换所需的货币量，又称工程承发包价格。工程造价的含义一般均是指该层含义。

（2）工程成本的组成

工程成本则是围绕工程而发生的资源耗费的货币体现，包括了工程生命周期各阶段的资源耗费。工程成本通常用货币单位来衡量，具体而言，工程成本是指施工企业或项目部为取得并完成某项工程所支付的各种费用的总和；是转移到建筑工程项目中的被消耗掉的生产资料价值和该工程施工的劳动者必要的劳动价值及为完成合同目标所支付的各种费用。包括所消耗的原材料、辅助材料、构配件等的费用，周转材料的摊销费或租赁费等，施工机械的使用费或租赁费等，支付给生产工人的工资、奖金、工资性质的津贴等，以及进行施工组织与管理所发生的全部费用支出，由直接成本和间接成本组成。

直接成本是指施工过程中耗费的构成工程实体或有助于工程实体形成的各项费用支出，是可以直接计入工程对象的费用，包括人工费、材料费、施工机械使用费和施工措施费等。间接成本是指为施工准备、组织和管理施工生产的全部费用的支出，是非直接用于也无法直接计入工程对象，但为进行工程施工所必须发生的费用，与成本核算对象相关联的全部施工间接支出，包括管理人员的工资、办公费、交通差旅费、资产使用费、工具用具使用费、保险费、检验试验费、工程保修费、工程排污费等。

（3）装饰工程成本管理的影响因素

工程成本的影响因素有多个方面，可概括为以下几个方面：

1）人的因素

为了有效控制工程成本，施工过程中必须注意人的因素的控制，包括参加工程施工的工程技术人员及管理人员、操作人员、服务人员。他们共同构成工程最终成本的影响因素。

2）工程材料的控制

工程材料是工程施工的物质条件，是工程质量的基础，材料质量决定着工程质量。造成工程施工过程中材料费出现变化的因素通常有材料的量差和材料的价差。材料成本占整个工程成本的2/3左右，材料的节余对降低工程造价意义非凡。

3）机械费用的控制

影响施工过程中机械费用高低的主要因素有施工机械的完好率和施工机械的工作效率。确保施工机械完好率就是要防止施工机械的非正常损坏，使用不当、不规范操作，忽视日常保养都能造成施工机械的非正常损坏；施工机械工作效率低，不但要消耗燃油，为了弥补效率低下造成的误工需要投入更多的施工机械，同样也要增加成本。

4）科学合理的施工组织设计与施工技术水平

施工组织设计是工程项目实施的核心和灵魂。它既是全面安排施工的技术经济文件，也是指导施工的重要依据。它对项目施工的计划性和管理的科学性，克服工作中的盲目和混乱现象，将起到极其重要的作用。它编制的是否科学合理直接影响着工程成本的高低。施工技术水平对工程建设成本影响不容忽视，它影响着工程的直接成本，先进科学的施工工艺与技术对降低工程造价作用十分明显。

5）项目管理者的成本控制能力

项目管理者的素质技能和管理水平对工程造价的影响非常明显，一个优秀的项目管理团队可以通过自身的成本控制技术水平和能力，在工程项目施工过程中面对内外部复杂多变的环境变化和因素影响，能够作出科学的分析判断、制定出正确的应对策略并加以切实执行，减少成本消耗，能有效降低工程成本。

6）其他因素

除以上影响因素外，设计变更率、气候影响、风险因素等也是影响工程项目成本的重要因素。建筑材料价格的波动，对工程造价也有一定影响，是装饰工程成本波动的重要因素。激烈的建筑市场竞争，派生的低于控制价的投标及中标，也是影响工程成本的一个不可忽略的因素。

2. 装饰工程施工成本管理的基本内容

建设工程项目施工成本管理应从工程投标报价开始，直至项目竣工结算完成为止，贯穿于项目实施的全过程。成本作为项目管理的一个关键性目标，包括责任成本目标和计划成本目标，它们的性质和作用不同。前者反映组织对施工成本目标的要求，后者是前者的具体化，把施工成本在组织管理层和项目经理部的运行有机地连接起来。根据成本运行规律，成本管理责任体系应包括组织管理层和项目经理部。组织管理层的成本管理除生产成本以外，还包括经营管理费用；项目管理层应对生产成本进行管理。组织管理层贯穿于项目投标、实施和结算过程，体现效益中心的管理职能；项目管理层则着眼于执行组织确定的施工成本管理目标，发挥现场生产成本控制中心的管理职能。施工成本管理就是要在保证工期和质量满足要求的情况下，采取相应管理措施，包括组织措施、经济措施、技术措施、合同措施，把成本控制在计划范围内，并进一步寻求最大程度的成本节约。施工成本管理的任务和环节主要包括：

（1）施工成本预测。施工成本预测就是根据成本信息和施工项目的具体情况，运用一定的专业方法，对未来的成本水平及其发展趋势作出科学的估计，其是在工程施工以前对成本进行的估算。通过成本预测，可以在满足项目业主和本企业要求的前提下，选择成本低、效益好的最佳成本方案，并能够在施工项目成本形成过程中，针对薄弱环节，加强成本控制，克服盲目性，提高预见性。因此，施工成本预测是施工项目成本决策与计划的依据。施工成本预测，通常是对施工项目计划工期内影响其成本变化的各个因素进行分析，比照近期已完工施工项目或将完工施工项目的成本（单位成本），预测这些因素对工程成本中有关项目（成本项目）的影响程度，预测出工程的单位成本或总成本。

（2）施工成本计划。施工成本计划是以货币形式编制施工项目在计划期内的生产费用、成本水平、成本降低率以及为降低成本所采取的主要措施和规划的书面方案，它是建立施工项目成本管理责任制、开展成本控制和核算的基础，它是该项目降低成本的指导文件，是设立目标成本的依据。可以说，成本计划是目标成本的一种形式。

（3）施工成本控制。施工成本控制是指在施工过程中，对影响施工成本的各种因素加强管理，并采取各种有效措施，将施工中实际发生的各种消耗和支出严格控制在成本计划范围内。通过随时揭示并及时反馈，严格审查各项费用是否符合标准，计算实际成本和计划成本之间的差异并进行分析，进而采取多种措施，消除施工中的损失浪费现象。建设工程项目施工成本控制应贯穿于项目从投标阶段开始直至竣工验收的全过程，它是企业全面成本管理的重要环节。施工成本控制可分为事先控制、事中控制（过程控制）和事后控制。在项目的施工过程中，需按动态控制原理对实际施工成本的发生过程进行有效控制。合同文件和成本计划是成本控制的目标，进度报告和工程变更与索赔资料是成本控制过程中的动态资料。成本控制的程序体现了动态跟踪控制的原理。成本控制报告可单独编制，也可以根据需要与进度、质量、安全和其他进展报告结合，提出综合进展报告。

（4）施工成本核算。施工成本核算包括两个基本环节：一是按照规定的成本开支范围对施工费用进行归集和分配，计算出施工费用的实际发生额；二是根据成本核算对象，采用适当的方法，计算出该施工项目的总成本和单位成本。项目的施工成本有"制造成本法"和"完全成本法"两种核算方法。"制造成本法"只将与施工项目直接相关的各项成本和费用计入施工项目成本，而将与项目没有直接关系，却与企业经营期间相关的费用（企业总部的管理费）作为期间费用，从当期收益中一笔冲减，而不再计入施工成本。"完全成本法"是把企业生产经营发生的一切费用全部吸收到产品成本之中。

（5）施工成本分析。施工成本分析是在施工成本核算的基础上，对成本的形成过程和影响成本升降的因素进行分析，以寻求进一步降低成本的途径，包括有利偏差的挖掘和不利偏差的纠正。施工成本分析贯穿于施工成本管理的全过程，其是在成本的形成过程中，主要利用施工项目的成本核算资料（成本信息），与目标成本、预算成本以及类似的施工项目的实际成本等进行比较，了解成本的变动情况；同时也要分析主要技术经济指标对成本的影响，系统地研究成本变动的因素，检查成本计划的合理性，并通过成本分析，深入揭示成本变动的规律，寻找降低施工项目成本的途径，以便有效地进行成本控制。成本偏差的控制，分析是关键，纠偏是核心；要针对分析得出的偏差发生原因，采取切实措施，加以纠正。成本偏差分为局部成本偏差和累计成本偏差。局部成本偏差包括项目的月度（或周、天等）核算成本偏差、专业核算成本偏差以及分部分项作业成本偏差等；累计成本偏差是指已完成工程在某一时间点上实际总成本与相应的计划总成本的差异。分析成本偏差的原因，应采取定性和定量相结合的方法。

（6）施工成本考核。施工成本考核是指在施工项目完成后，对施工项目成本形成中的各责任者，按施工项目成本目标责任制的有关规定，将成本的实际指标与计划、定额、预算进行对比和考核，评定施工项目成本计划的完成情况和各责任者的业绩，并以此给予相应的奖励和处罚。通过成本考核，做到有奖有惩，赏罚分明，才能有效地调动每一位员工在各自施工岗位上努力完成目标成本的积极性，为降低施工项目成本和增加企业的积累，作出自己的贡献。施工成本考核是衡量成本降低的实际成果，也是对成本指标完成情况的总结和评价。成本考核制度包括考核的目的、时间、范围、对象、方式、依据、指标、组织领导、评价与奖惩原则等内容。

任务 9.2　装饰工程施工成本控制方法

1. 装饰工程施工成本控制的内容、要求

（1）装饰工程施工成本控制的内容

施工成本控制的基本内容有以下几个方面：

1）材料费的控制

材料费的控制按照"量价分离"的原则进行，不仅要控制材料的用量，也要控制材料的价格。

①材料用量的控制。在保证符合设计规格和质量标准的前提下，合理使用并节约材料，通过定额管理、计量管理手段以及施工质量控制，减少和避免返工等，有效控制材料的消耗量。

②材料价格的控制。工程材料的价格构成由买价、运杂费、运输中的合理消耗等组成。控制材料价格主要是通过市场信息、询价、应用竞争机制和经济合同手段等控制材料、设备、工程用品的采购价格。

2）人工费的控制

人工费的控制可按照"量价分离"的原则进行，人工用工数通过项目经理与施工劳务承包人的承包合同，按照内部施工预算，按照所承包的工程量计算出人工工日，并将安全生产、文明施工及零星用工按定额工日一定的比例（一般为 15%~25%）起发包。

3）机械费的控制

机械费用主要由台班数量和台班单价两方面决定，机械费的控制包括以下几个方面：

①合理安排施工生产，加强设备租赁计划管理，减少因安排不当引起的设备闲置。

②加强机械设备的调度工作，尽量避免窝工，提高现场设备利用率。

③加强现场设备的维修保养，避免因不正当使用造成机械设备的停置。

④做好上机人员与辅助人员的协调与配合，提高台班输出量。

4）管理费的控制

现场施工管理费在项目成本中占有一定的比例，控制和核算有一定难度，通常主要采取以下措施：

①根据现场施工管理费占工程项目计划总成本的比重，确定项目经理部施工管理费用总额。

②编制项目经理部施工管理费总额预算和管理部门的施工管理费预算，作为控制依据。

③制定项目开展范围和标准，落实各部门和岗位的控制责任。

④制定并严格执行项目经理部的施工管理费使用的审批、报销程序。

（2）装饰工程施工成本控制的要求

合同文件中有关成本的约定内容和成本计划是成本控制的目标。进度计划和装饰工程变更与索赔资料是成本控制过程中的动态资料。施工成本控制的基本要求如下：

1）按照计划成本目标值控制生产要素的采购价格，认真做好材料、设备进场数量和质量的检查、验收与保管。

2）控制生产要素的利用效率和消耗定额，如任务单管理、限额领料、验收报告审核等。同时

要做好不可预见成本风险的分析和预控，包括编制相应的应急措施等。

3）控制影响效率和消耗定量的其他因素所引起的成本增加，如工程变更等。

4）把施工成本管理责任制度与对项目管理者的激励机制结合起来，以增强管理人员的成本意识和控制能力。

5）承包人必须健全项目财务管理制度，按规定的权限和程序对项目资金的使用和费用的结算支付进行审核、审批，使其成为施工成本控制的重要手段。

2．装饰工程施工成本控制的依据和措施

（1）装饰工程施工成本控制的依据

1）装饰工程承包合同；

2）施工成本计划；

3）进度报告；

4）工程变更。

（2）装饰工程施工成本控制的措施

为了取得成本管理的理想效果，通常需采取的措施有：

1）组织措施

组织措施是从施工成本管理的组织方面采取的措施。项目经理部应将成本责任分解落实到各个岗位、落实到专人，对成本进行全过程控制、全员控制、动态控制，形成一个分工明确、责任到人的成本责任控制体系。组织措施的另一方面是编制施工成本控制工作计划，确定详细合理的工作流程。要做好施工采购计划，通过生产要素的优化配置、合理使用、动态管理，有效控制实际成本；加强施工定额管理和任务单管理，控制活劳动和物化劳动的消耗。加强施工调度，避免因计划不周和盲目调度造成窝工损失、机械利用率降低、物料积压等而使成本增加。

2）技术措施

通过采取技术经济分析，确定最佳的施工方案；结合施工方法，进行材料使用的比选，在满足功能要求的前提下，通过代用、改变配合比、使用外加剂等方法降低材料消耗的费用；确定最合适的施工机械、设备使用方案；结合项目的施工组织设计和自然地理条件，降低材料的库存成本和运输成本；应用先进的施工技术，运用新材料，使用新开发机械设备等。

3）经济措施

管理人员应编制资金使用计划，确定、分解施工成本管理目标。对施工成本管理目标进行风险分析，并制定防范性对策。对各种支出，应认真做好资金的使用计划，并在施工中严格控制各项开支。及时准确地记录、收集、整理、核算实际发生的成本。对各种变更，及时做好增减账，及时落实业主签证，及时结算工程价款。通过偏差分析和未完工工程预测，发现一些潜在的可能引起未完工程成本增加的问题，并对其采取预防措施。

4）合同措施

选用合适的合同结构，对各种合同结构模式进行分析、比较，在合同谈判时，要争取选用适合工程规模、性质与特点的合同结构模式。在合同条款中应仔细考虑一切影响成本和效益的因素，

特别是潜在的风险因素。识别并分析成本变动风险因素，采取必要风险对策，降低损失发生的概率和数量。严格合同管理，抓好合同索赔和反索赔管理工作。

任务 9.3　装饰工程工程量计算及工程计价

1. 装饰工程工程量计算

（1）工程量的概念

工程量是以规定的计量单位表示的工程数量，是把设计图纸的内容，转化为按清单项目或定额的分项工程或按结构构件项目划分的，以物理计量单位（如 m、m^2 等）或自然计量单位（如个、套、台、座等）表示的实物数量。工程量是工程量清单计价的重要依据，准确的工程量计算，对工程计价、编制计划、财务管理以及成本计划执行情况的分析都是非常重要的。

工程量主要包括两方面的内容：由招标人按照《房屋建筑与装饰工程工程量计算规范》GB 50854—2013 附录中的计算规则计算的工程量清单项目的工程量（称清单工程量）；由投标人根据招标人提供的工程量清单项目及工程量，按照企业取费定额或参照省、市、自治区颁发的地区性建筑工程计价性定额拆分定额计价项目，并按其规定的工程量计算规则计算的工程量（称定额工程量）。

（2）工程量计算的主要依据资料

1）经审定的单位工程全套施工图纸（包括设计说明）及图纸会审纪要或竣工图。工程量的数据是从施工图上或竣工图上取定的。

2）建筑装饰工程计价的标准。建筑装饰工程计价的标准指《房屋建筑与装饰工程工程量计算规范》GB 50854—2013、企业定额或省、市、自治区颁发的地区性建筑工程计价性定额。规范和定额中详细地规定了各个分部、各个分项工程工程量计算规则。计算工程量时必须严格按照规范和定额中规定的计算规则、方法、单位进行，它具有一定的权威性和指导性。

3）已审定批准的施工组织设计和施工方案、施工合同。每个工程都有自身的具体情况，施工企业有自身的特点，如外墙石材墙面所用的脚手架有吊篮脚手架、钢管脚手架、挑脚手架、悬空脚手架等不同类型，另有石材的施工方法有干挂、粘贴、挂贴等，这些内容主要从施工组织设计和施工方案中才能体现出来，因此计算工程量之前，必须认真阅读施工组织设计及施工方案。另外，在施工合同中有人工、材料、机械以及其他因素的责任归属和是否调整以及如何调整的条款说明，计量时也必须认真阅读。

4）标准图集及有关计算手册。施工图中引用的有关标准图集，表明了建筑装饰构件具体构造做法、细部尺寸、材料的消耗量，是工程量计算必不可少的。另外，计算工程量时一些常用的技术数据，可从有关部门发行的手册（如铝合金、木材用量手册）中直接查出，从而可以减轻计算的工作量，提高计算工程量的效率。

5）双方确认工程变更相关的签证、变更等。

（3）工程量计算应遵循的原则

1）熟悉基础资料。熟悉规范、定额、施工图纸、有关标准图集、施工组织设计、施工合同、招标文件等工程量计算的依据。

2）计算项目内容应与清单或定额中相应子目的工程内容一致。

3）计算清单工程量遵循清单规则、计算定额工程量遵循定额规则。即计算清单工程量时，必须遵循现行国家规范《房屋建筑与装饰工程工程量计算规范》GB 50854—2013 附录中所规定的工程量计算规则；在分析综合单价，计算定额工程量时遵循定额规则。

4）工程量计量单位与定额或清单工程量计量单位一致。清单工程量的计算单位是多种多样的，有以体积 m^3、面积 m^2、长度 m、质量 t（或 kg）、件（个或组）计算的。计价定额中大多数用扩大定额（按计算单位的倍数）的方法来计量，如："100m""10m"等。

5）工程量计算所用原始数据必须和设计图纸相一致。计算工程量必须在熟悉和审查图纸的基础上，严格按照规范或定额规定的工程量计算规则，以施工图纸所标注的尺寸为准进行计算，不得任意加大或缩小各部位尺寸。

6）按图纸，结合建筑物的具体情况确定计算顺序。内装修一般先按装饰分部以门窗、楼地面、墙面、顶棚、油漆等顺序进行计算。门窗工程则按其编号顺序进行计算；楼地面、顶棚、墙面、油漆分层分房间计算，房间可从平面图的左上角开始，自左至右，自上至下，最后转回左上角为止，以顺时针转圈依次进行计算；内墙面也可按轴线采用先横后竖，再自上而下、自左至右的顺序进行计算。对外装修分立面计算，同时考虑按施工方案要求分段，施工方法不同按不同的方法计算。不同的结构类型组成的建筑，按不同结构类型分别计算。

7）由于装饰材料和构件的构造形式多种多样，再加上新材料、新工艺的不断面世，出现规范或定额内没有的新项目，其工程量要按市场使用的规则进行计量，如软皮面合金边的衣柜门，则分二开或三开门以套计量，而衣柜架体则按个与柜门分开计量。

8）采用统筹法将相关联多次重复使用的数据先计算出来，简化计算。如地面的面积在计算地面、垫层、各层楼面、各层顶棚工程量时均要用，在计算墙面装饰工程时要用到墙体的长度，扣除门窗洞口的面积，因而先计算出"三线（外墙外边线、外墙中心线、内墙净长线）多面（地面、梯间、卫生间等面积）"，统计出各层内外墙体上的门窗及洞口的面积，再按分部分项计算。

（4）装饰工程工程量清单项目的工程量计算规则

楼地面工程工程量清单项目的工程量计算规则见表 9–1。

楼地面工程工程量清单项目的工程量计算规则　　　　表 9–1

项目	计量单位	计算规则	工程内容
整体面层	m^2	按设计图示尺寸以面积计算。扣除凸出地面的构筑物、设备基础、室内铁道、地沟等所占面积，不扣除间壁墙及 $<0.3m^2$ 的柱、垛、附墙烟囱及孔洞所占面积。门洞、空圈、暖气包槽、壁龛开口部分的面积亦不增加	1. 基层清理 2. 抹找平层 3. 抹面层 4. 嵌缝条安装 5. 磨光、酸洗、打蜡 6. 材料运输

项目	计量单位	计算规则	工程内容
块料面层	m²	按设计图示尺寸以面积计算。门洞、空圈、暖气包槽、壁龛开口部分的面积并入相应的工程量内	1. 基层清理 2. 抹找平层 3. 面层铺设、磨边 4. 嵌缝 5. 酸洗、打蜡 6. 材料运输
橡塑面层	m²	按设计图示尺寸以面积计算。门洞、空圈、暖气包槽、壁龛开口部分的面积并入相应的工程量内	1. 基层清理 2. 面层铺设 3. 压缝条装钉 4. 材料运输
其他材料面层	m²	按设计图示尺寸以面积计算。门洞、空圈、暖气包槽、壁龛开口部分的面积并入相应的工程量内	1. 基层清理 2. 龙骨及基层铺设 3. 面层铺设 4. 刷防护材料 5. 压缝条装钉 6. 材料运输
踢脚线	m²	按设计图示长度乘以高度以面积计算。按设计图示尺寸的长度以延长米计算	1. 基层清理 2. 底层抹灰、面层抹灰 3. 基层与面层铺贴、磨边 4. 擦缝 5. 磨光、酸洗、打蜡 6. 刷防护材料 7. 材料运输
楼梯、台阶面层	m²	楼梯面层按设计图示尺寸以楼梯（包括踏步、休息平台及宽度小于500mm的楼梯井）水平投影面积计算。楼梯与楼地面相连时，算至梯口梁内侧边沿；无梯口梁者，算至最上一层踏步边沿加300mm。台阶面层按设计图示尺寸以台阶（包括最上层踏步边沿加300mm）水平投影面积计算	1. 基层清理 2. 抹找平层 3. 抹面层 4. 面层铺贴、磨边、擦缝 5. 酸洗、打蜡 6. 嵌抹防滑条 7. 刷防护材料 8. 材料运输

注：1. 整体面层楼地面包含水泥砂浆、水磨石、细石混凝土、菱苦土楼地面等清单项目。2. 块料面层楼地面镶贴包含石材、碎石材、地砖块料楼地面等清单项目。3. 橡塑面层楼地面包含橡胶板、橡胶板卷材、塑料板、塑料板卷材楼地面等清单项目。4. 其他材料面层楼地面包含地毯、竹木地板、金属复合地板楼地面等清单项目。

墙柱面工程工程量清单项目的工程量计算规则见表9-2。

墙柱面工程工程量清单项目的工程量计算规则 表 9-2

项目	计量单位	计算规则	工程内容
墙面抹灰	m²	按设计图示尺寸以面积计算，扣除墙裙、门窗洞口及单个 0.3m² 以上孔洞所占面积，不扣除踢脚线、挂镜线和墙与构件交接处的面积，洞口侧壁及顶面亦不增加。附墙柱、梁、垛、烟囱侧壁面积并入相应的墙面面积内。外墙抹灰面积按外墙垂直投影面积计算。外墙裙抹灰面积按其长度乘以高度计算。内墙抹灰面积按主墙间的净长乘以高度计算。(1) 无墙裙的，高度按室内地面或楼面至顶棚底面计算；(2) 有墙裙的，高度按墙裙顶至顶棚底面计算，内墙裙抹灰面积按内墙净长乘以高度计算	1. 基层清理 2. 砂浆制作运输 3. 底面抹灰 4. 抹面层 5. 抹装饰面 6. 勾分格缝
柱（梁）面抹灰	m²	柱面抹灰：按设计图示柱断面周长乘以柱的高度以面积计算。梁面抹灰：按设计图示梁断面周长乘以长度以面积计算	
墙、柱、梁块料面层	m²	按镶贴表面积计算	1. 基层清理 2. 砂浆制作运输 3. 粘结层铺贴 4. 面层安装 5. 嵌缝 6. 刷防护材料 7. 磨光、酸洗、打蜡
干挂石材钢骨架	t	按设计图示尺寸以质量计算	1. 骨架制作、运输、安装 2. 刷油
墙、柱、梁面装饰板	m²	墙饰面按设计图示墙净长乘以净高以面积计算，扣除门窗洞口及单个 0.3m² 以上的孔洞所占面积。柱饰面按设计图示饰面外围尺寸的面积计算。柱墩、柱帽并入相应柱饰面工程量内	1. 基层清理 2. 龙骨制作、运输、安装 3. 钉隔离层 4. 基层铺钉 5. 面层铺贴
带骨架幕墙	m²	按设计图示框外围尺寸以面积计算，与幕墙同种材质的窗所占面积不扣除	1. 骨架制作、运输、安装 2. 面层安装 3. 隔离带、框边封闭 4. 嵌缝、塞口 5. 清洗
全玻璃（无框玻璃）幕墙	m²	按设计图示尺寸以面积计算。带肋全玻璃幕墙按展开面积计算	1. 幕墙安装 2. 嵌缝、塞口 3. 清洗

续表

项目	计量单位	计算规则	工程内容
隔断	m²	按设计图示框外围尺寸以面积计算。不扣除单个 ≤ 0.3m² 的孔洞所占面积；浴厕门的材质与隔断相同时，门的面积并入隔断面积内	1. 龙骨及边框制作、运输、安装 2. 隔断的制作、运输、安装 3. 嵌缝、塞口

注：1. 抹灰包含一般抹灰、装饰抹灰、砂浆找平、勾缝等清单项目。2. 块料包含石材、块料、拼碎块等清单项目。3. 隔断包含木隔断、金属隔断、玻璃隔断、塑料隔断、成品隔断等清单项目。成品隔断清单规则可以按设计间的数量以"间"计算。

顶棚工程工程量清单项目的工程量计算规则见表 9-3。

顶棚工程工程量清单项目的工程量计算规则   表 9-3

项目	计量单位	计算规则	工程内容
顶棚抹灰	m²	按设计图示尺寸以水平投影面积计算，不扣除间壁墙、垛、柱、附墙烟囱、检查口和管道所占的面积。带梁顶棚，梁两侧抹灰面积，并入顶棚抹灰工程量内计算。板式楼梯底面抹灰按斜面积计算，锯齿形楼梯底面抹灰按展开面积计算	1. 基层清理 2. 底层抹灰 3. 抹面层
顶棚	m²	按设计图示尺寸以水平投影面积计算。不扣除间壁墙、检查口、附墙烟囱、柱和管道所占面积。扣除单个 >0.3m² 孔洞、独立柱与顶棚相连的窗帘盒所占的面积。顶棚面中的灯槽及跌级、锯齿形、吊挂式、藻井式顶棚面积不展开计算	1. 基层清理、吊杆安装 2. 龙骨安装 3. 基层板铺贴 4. 面层板铺贴 5. 嵌缝 6. 刷防护材料
灯带	m²	按设计图示尺寸以框外围面积计算	安装、固定
送风口 （回风口）	个	按设计图示数量计算	1. 安装、固定 2. 刷防护材料

油漆工程工程量清单项目的工程量计算规则见表 9-4。

油漆工程工程量清单项目的工程量计算规则   表 9-4

项目	计量单位	计算规则	工程内容
门油漆、窗油漆	樘/m²	按设计图示数量计算或按设计图示洞口尺寸以面积计算	1. 基层清理 2. 刮腻子 3. 刷防护材料、油漆 4. 烫蜡（仅木地板烫硬蜡面有）
木扶手及其他板条、线条油漆	m²	按设计图示尺寸以长度计算	
木质檐口、顶棚、墙裙、窗台板、筒子板、门窗套、踢脚线、暖气罩油漆	m²	按设计图示尺寸以面积计算	

续表

项目	计量单位	计算规则	工程内容
木质间壁、隔断、栅栏、栏杆油漆	m²	按设计图示尺寸以单面外围面积计算	1. 基层清理 2. 刮腻子 3. 刷防护材料、油漆 4. 烫蜡（仅木地板烫硬蜡面有）
衣柜、壁柜、梁柱饰面、零星木装修油漆	m²	按设计图示尺寸以油漆部分的展开面积计算	
木地板油漆及木地板烫硬蜡面	m²	按设计图示尺寸的实铺面积计算。门洞、空圈、暖气包槽、壁龛开口部分的面积并入相应工程量内	
金属面油漆	kg/m²	1. 按设计图示尺寸以质量计算 2. 按设计展开面积计算	
抹灰面油漆	m²	按设计图示尺寸以面积计算	
抹灰线条油漆	m	按设计图示尺寸以长度计算	

2. 装饰工程计价

现阶段装饰工程计价采用工程量清单计价法。

工程量清单计价是指建设工程在招标投标中，招标人按照国家标准《房屋建筑与装饰工程工程量计算规范》GB 50854—2013 中的工程量计算规则，提供工程数量（又称工程量清单），并作为招标文件的一部分提供给投标人，由投标人自主完成工程量清单所需的全部费用，包括分部分项工程费、措施项目费、其他项目费和规费、税金。

工程量清单计价可以描述为以招标文件中的工程量清单为基础，根据工程设计、施工或竣工的相关资料，利用相关的计价性定额及国家或省级、行业颁发的计价办法和工程造价信息计算出的工程造价。其基本方法为：收集编制依据→分析工程量清单中各项目的综合单价→计算分部分项工程费→计算措施项目费→计算其他项目费→计算规费→计算税金→汇总计算单位工程造价→汇总计算单项工程造价→汇总计算建设项目工程造价。

3. 装饰工程合同价款及其调整

合同价款是发承包双方按有关规定和协议条款约定的各种取费标准计算、在书面合同中约定，用以支付承包人按照合同要求完成工程内容时的价款。合同价款有固定价格（固定单价或总价）、可调价格、成本加酬金三种方式。

实行工程量清单计价的工程应采用可调价格的单价合同。若规模较小，技术难度较低，工期较短，且施工图设计已审核批准的工程可采用固定单价或固定总价合同。

（1）合同价款的约定内容

发承包双方应在合同条款中对下列事项进行约定：

1）预付工程款的数额、支付时间及抵扣方式；

2）安全文明施工措施费的支付计划、使用要求等；

3）工程计量与支付工程进度款的方式、数额及时间；

4）工程价款的调整因素、方法、程序、支付及时间；

5）施工索赔与现场签证的程序、金额确认与支付时间；

6）承担计价风险的内容、范围以及超出约定内容、范围的调整办法；

7）工程竣工价款结算编制与核对、支付及时间；

8）工程质量保证（保修）金的数额、预扣方式及时间；

9）违约责任以及发生工程价款争议的解决方法及时间；

10）与履行合同、支付价款有关的其他事项等。

（2）合同价款的调整

合同价款的调整因素有：行政法规和国家有关政策变化；造价管理部门公布的人工、材料价格调整；工程变更；项目特征描述不符；工程量清单缺项；工程量偏差；计日工；不可抗力；提前竣工；误期赔偿；索赔；现场签证；暂列金额；双方合同中约定的其他调整因素。

工程合同价款调整参照原则：合同中已有适用单价的，变更工程按已有单价调整合同价款；合同中已有类似单价的，变更工程按类似单价调整合同价款；合同中没有适用或类似单价的，由承包商提出变更价格，变更价格经审计部门审定后，再按投标时的下浮率进行下浮后作为变更结算价。

4. 装饰工程结算

工程结算是指承包方在工程实施过程中，依据承包合同中关于付款条件的规定和已经完成的工程量，按照规定的程序向发包方收取工程价款的一项经济活动。工程结算的方式根据工程性质、规模、资金来源和施工工期，以及承包内容不同，采用定期结算、分段结算、年终结算、竣工后一次结算、目标结算（竣工或完成度）等不同结算方式。

（1）结算资料

工程结算资料应包括按竣工图（签字盖章认定）为依据和按现场签证、工程洽谈记录以及其他有关费用为依据的资料两部分。其内容如下：

1）施工合同及附件、协议书；

2）设计文件（含图纸会审纪要和设计变更）；

3）经审定的施工组织设计、施工方案或专项施工方案（甲方批准的脚手架搭设方案，新技术、新工艺或复杂项目的施工方案，安全防护措施）；

4）施工企业规费计取标准、安全文明施工评价得分及措施费费率核定表；

5）甲方供材明细（包括规格、供应数量、退还数量、单价、使用部位等）及收货验收签单，乙方购材材料价格认定单；

6）设计变更单、技术核定单；

7）与工程结算有关的"发包方通知、指令、会议纪要、往来函件、工程洽商记录"等；

8）施工过程中的有关经济签证（如零星用工的数量及单价，增加的零活，因甲方原因造成的返工损失，图纸会审和设计变更没提到的任何实际施工变化等）；

9）开、竣工报告及阶段、竣工验收证明；

10）经确认的工程量；

11）其他有关影响工程造价、工期等资料。

（2）工程价款结算

工程价款结算是指发包方与承包方之间的商品货币结算，通过结算实现承包方的工程收入，工程价款的支付按工程进度有工程预付款、工程进度款、质量保修金、竣工结算几种方式。

1）工程预付款。工程预付款又叫工程备料款，是指在工程开工之前的施工准备阶段，由发包方按年度工程量或合同金额的一定比例（10%~30%）预先支付给施工单位进行材料采购、工程启动等用的流动资金。工程预付款以抵冲工程价款的方式在后期以未施工工程所需主要材料及构配件的耗用额刚好同预付备料款相等为原则进行陆续扣回。

2）工程进度款。工程进度款是指工程开工之后，按工程实际完成情况定期或分期由发包方拨付已完工程部分的价款。在确认计量结果 14 天内，发包人应按不低于工程价款的 60% 和不高于 90% 向承包人支付工程进度款，按约定时间发包人应扣回预付款，与进度款同期结算。除合同另有约定外，进度款支付申请应包括以下内容：本周期已完成工程的价款；累计已完成的工程价款；累计已支付的工程价款；本周期已完成计日工金额；应增加和扣减的变更金额；应增加和扣减的索赔金额；应抵扣的工程预付款；应扣减的质量保证金；根据合同应增加和扣减的其他金额；本付款周期实际应支付的工程价款。

3）质量保修金。质量保修金是指建设单位与施工单位在建设工程承包合同中约定或施工单位在工程保修书中承诺，在建筑工程竣工验收交付使用后，从应付的建设工程款中预留的用以维修建筑工程在保修期限和保修范围内出现的质量缺陷的资金。质量保修金比例一般为建设工程款的 3%~5%（具体比例可以在合同中约定）。可约定每月从施工单位的工程款中按相应比例扣留，也可以最后结算时扣留（小工程）。缺陷责任期满，发包人应当将保证金返还给承包人。

4）竣工结算。工程竣工结算是指施工单位所承包的工程按照合同规定的内容全部竣工并经建设单位和有关部门验收合格后，由施工单位根据施工过程中实际发生的变更情况对原施工图预算或工程合同价进行增减调整修正，再经建设单位审查，重新确定工程造价并作为施工单位向建设单位办理工程价款结算的技术经济文件。竣工结算价 = 合同价 + 调整价，调整价内容主要包括工程量、工料设备价格、增加措施项目费、政策性调整、索赔费用、合同以外零星项目费用以及奖惩费用等。

任务拓展

课堂训练

1._____是按工程实体尺寸的净量计算的，不考虑施工方法和加工余量；_____则是考虑了不同施工方法和加工余量的实际数量。

2.工程量计算规则，是确定建筑产品_____的基本规则。

3.措施项目费可以归纳为以下十项：_____、_____、_____、_____、_____、_____、_____、_____、_____、_____。

扫一扫，查答案（二维码 9-4）

9-4模块九　课堂训练答案及解析

学习思考

1．工程造价由哪几部分构成？

2．什么是工程量清单？

3．施工过程成本控制的措施有哪些？

4．装饰工程施工过程成本控制步骤是什么？

9-5某道路改造项目案例

知识链接

企业案例：某道路改造项目案例，扫一扫二维码 9-5。

10

模块十
建筑装饰工程质量管理

任务目标

学习目标： 了解装饰工程施工质量的影响因素；熟悉装饰工程施工质量控制的内容；掌握装饰工程施工质量控制方法；熟悉装饰工程施工质量问题处理程序；了解设置施工质量控制点的原则和方法；能够确定装饰工程施工质量控制点，参与编制质量控制点，实施质量交底。

素质目标： 本模块内容将培养学生对岗位内容的精益求精、创新精神，对职业心态要有奋斗、奉献的工匠精神。通过对建筑装饰工程质量缺陷和危险源的学习，使学生掌握质量控制的方法，教师通过对施工流程的细致讲解，融入质量意识、安全意识等课程思政要素。

10-1 微课视频：装修质量检测工具使用方法

10-2 动画演示：靠尺使用方法

10-3 动画演示：楔形塞尺使用方法

10-4 动画演示：响鼓锤使用方法

任务导学

扫描二维码 10-1~ 二维码 10-5 观看微课视频、动画演示和企业案例：装修质量检测工具使用方法、靠尺使用方法、楔形塞尺使用方法、响鼓锤使用方法、某装饰项目施工组织设计案例，观看后思考以下问题：

1. 建筑装饰工程质量影响因素有哪些？
2. 建筑装饰工程施工质量缺陷有哪些？
3. 如何编制质量控制文件？

10-5 某装饰项目施工组织设计案例

任务实施

任务 10.1 装饰工程施工质量控制方法

1. 装饰工程施工质量影响因素

影响装饰工程施工质量的因素主要包括人、材料、设备、方法和环境。对这五方面因素的控制，是确保项目质量满足要求的关键。

（1）人的因素

人作为控制的对象，是要避免产生失误；人作为控制的动力，是要充分调动积极性，发挥人的主导作用。因此，应提高人的素质、健全岗位责任制，改善劳动条件，公平合理地激励劳动热情；应根据项目特点，以确保工程质量作为出发点，在人的技术水平、人的生理缺陷、人的心理行为、人的错误行为等方面控制人的使用；更为重要的是提高人的质量意识，形成人人重视质量的项目环境。

（2）材料的因素

建筑装饰工程材料主要包括原材料、成品、半成品、构配件等。对材料的控制主要通过严格检查验收，正确合理地使用，进行收、发、储、运技术管理，杜绝使用不合格材料等环节来进行控制。

（3）设备的因素

设备包括装饰工程项目使用的机械设备、工具等。对设备的控制，应根据装饰工程项目的不同特点，合理选择，正确使用、管理和保养。

（4）方法的因素

方法包括装饰工程项目实施方案、工艺、组织设计、技术措施等。对方法的控制，主要是通过合理选择、动态管理等环节加以实现。合理选择就是根据项目特点选择技术可行、经济合理、有利于保证项目质量、加快项目进度、降低项目费用的实施方法。动态管理就是在项目管理过程中正确应用，并随着条件的变化不断进行调整。

（5）环境的因素

影响装饰工程项目质量的环境因素包括项目技术环境，如地质、气象等；装饰工程项目管理环境，如质量保证体系、质量管理制度等；劳动环境，如劳动组合、作业场所等。根据项目特点和具体条件，采取有效措施对影响装饰工程项目质量的环境因素进行控制。

2. 装饰工程施工质量控制内容

项目质量控制是指运用动态控制原理进行项目的质量控制，即对项目的实施情况进行监督、检查和测量，并将项目实施结果与事先制定的质量标准进行比较，判断其是否符合质量标准，找出存在的偏差，分析偏差形成的原因的一系列活动。

（1）质量控制的内容

1）确定控制对象，例如一道工序、一个分项工程、一个装饰工程。

2）规定控制对象，即详细说明控制对象应达到的质量要求。

3）制定具体的控制方法，如工艺规程、控制用图表。

4）明确所采用的检验方法，包括检验手段。

5）实际进行检验。

6）分析实测数据与标准之间产生差异的原因。

7）解决差异所采取的措施、方法。

（2）装饰工程质量控制中应注意的问题

1）装饰工程质量管理不是追求最高的质量和最完美的工程，而是追求符合预定目标的、符合合同要求的装饰工程。

2）要减少重复的质量管理工作。

3）不同种类的装饰工程项目，不同的项目部分，质量控制的深度不一样。

4）质量管理是一项综合性的管理工作，除了装饰工程项目的各个管理过程以外还需要一个良好的社会质量环境。

5）注意合同对质量管理的决定作用，要利用合同达到对质量进行有效的控制。

6）装饰工程项目质量管理的技术性很强，但它又不同于技术性工作。

7）质量控制的目标不是发现质量问题，而是提前避免质量问题的发生。

8）注意过去同类项目的经验和教训，特别是业主、设计单位、施工单位反映出的对质量有重大影响的关键性工作。

3. 装饰工程施工质量控制方法

装饰工程施工阶段的质量控制包括如下主要方面：

（1）技术交底

按照工程重要程度，单项工程开工前，应由项目技术负责人，组织全面的技术交底。

（2）材料控制

1）对供货方质量保证能力进行评定。

2）建立材料管理制度，减少材料损失、变质。

3）对原材料、半成品、构配件进行标识。

4）材料检查验收。

5）对发包人提供的原材料、半成品、构配件和设备进行验收。

6）材料质量抽样和检验。

（3）机械设备控制

1）机械设备使用形式决策。

2）注意机械配套。

3）机械设备的合理使用。

4）机械设备的保养与维修。

（4）计量控制

工序控制是产品制造过程的基本环节，也是组织生产过程的基本单位。一道工序，是指一个（或一组）工人在一个工作地对一个（或几个）劳动对象（工程、产品、构配件）所完成的一切连续活动的总和。工序质量是指工序过程的质量。对于现场个人来说，工作质量通常表现为工序质量。一般地说，工序质量是指工序的成果符合设计、工艺（技术标准）要求的程度。人、机器、原材料、方法、环境等五种因素对工程质量有不同程度的直接影响。

（5）特殊和关键过程控制

特殊过程是指建设工程项目在施工过程或工序施工质量不能通过其后的检验和试验而得到验证，或者其验证的成本不经济的过程。关键过程是指严重影响施工质量的过程。

（6）工程变更控制。

（7）成品保护。

任务 10.2　施工质量缺陷和危险源分析

1. 装饰工程施工质量问题分类

（1）施工质量问题基本概念

1）质量不合格。根据《质量管理体系　要求》GB/T　19001—2016 的规定，凡装饰工程产品没有满足某个预期使用要求或合理的期望（包括安全性方面）要求，称为质量缺陷。

2）质量问题。凡是装饰工程质量不合格，必须进行返修、加固或报废处理，由此造成直接经济损失低于规定限额的称为质量问题。

3）质量事故。凡是装饰工程质量不合格，必须进行返修、加固或报废处理，由此造成直接经济损失在限额以上的称为质量事故。

（2）质量问题分类

由于施工质量问题具有复杂性、严重性、可变性和多发性的特点，所以装饰工程施工质量问题的分类有多种方法，通常按以下条件分类。

1）按问题责任分类

①指导责任。由于工程实施指导或领导失误而造成的质量问题，例如，由于工程负责人错误指令，导致某些工序质量下降出现的质量问题等。

②操作责任。在装饰工程施工过程中，由于实际操作者不按规程和标准实施操作而造成的质量问题。

③自然灾害。由于突发的自然灾害和不可抗力造成的质量问题，例如地震、台风、暴雨、大洪水等对工程实体造成的损坏。

2）按质量问题产生的原因分类

①技术原因引发的质量问题。在工程项目实施中，由于设计、施工技术上的失误而造成的质量问题。

②管理原因引发的质量问题。管理上的不完善或失误引发的质量问题。

③社会、经济原因引发的质量问题。由于经济因素及社会上存在的弊端和不正之风引起建设中错误行为，导致出现的质量问题。

2. 装饰工程施工质量问题处理依据

施工质量问题处理的依据包括以下内容：

（1）质量问题的实况资料

包括质量问题发生的时间、地点；质量问题描述；质量问题发展变化情况；有关质量问题的观测记录、问题现状的照片或录像；调查组调查研究所获得的第一手资料。

（2）有关合同及合同文件

包括工程承包合同、设计委托协议、设备与器材的购销合同、监理合同及分包合同。

（3）有关技术文件和档案

主要的是有关设计文件（如施工图纸和技术说明）、与施工有关的技术文件、档案和资料（如施工方案、施工计划、施工记录、施工日志、有关建筑材料的质量证明资料、现场制备材料的质量证明材料、质量事故发生后对事故状况的观测记录、试验记录和试验报告等)。

(4) 相关的建设法规

主要包括《建筑法》《建设工程质量管理条例》及与装饰工程质量和工程质量事故处理有关的法规，以及勘察、设计、施工、监理等单位资质管理方面的法规、从业者资格管理方面的法规、建筑市场方面的法规、建筑施工方面的法规、关于标准化管理方面的法规等。

3. 装饰工程施工质量问题处理程序

(1) 施工质量问题处理的一般程序

发生质量问题→问题调查→原因分析→处理方案→设计施工→检查验收→结论→提交处理报告。

(2) 施工质量问题处理中应注意的问题

1) 装饰工程施工质量问题发生后，施工项目负责人应按规定的时间和程序，及时向企业报告状况，积极组织调查。调查应力求及时、客观、全面，以便为分析处理问题提供正确的依据。要将调查结果整理撰写为调查报告，其主要内容包括：工程概况；问题概括；问题发生所采取的临时防护措施；调查中的有关数据、资料；问题原因分析与初步判断；问题处理的建议方案与措施；问题涉及人员与主要责任者的情况等。

2) 装饰工程施工质量问题的原因分析要建立在调查的基础上，避免情况不明就主观推断原因。特别是对涉及勘察、设计、施工、材料和管理等方面的质量问题，往往原因错综复杂，因此，必须对调查所得到的数据、资料进行仔细的分析，去伪存真，找出主要原因。

3) 处理方案要建立在原因分析的基础上，并广泛听取专家及有关方面的意见，经科学论证，决定是否进行处理和怎样处理。在制定处理方案时，应做到安全可靠，技术可行，不留隐患，经济合理，具有可操作性，满足建筑功能和使用要求。

4) 装饰工程施工质量问题处理的鉴定验收。质量问题的处理是否达到预期的目的，是否依然存在隐患，应当通过检查鉴定作出确认。质量问题处理的质量检查鉴定，应严格按施工质量验收规范和相关的质量标准的规定进行，必要时还要通过实际测量、试验和仪器检测等方法获得必要的数据，以便正确地对事故处理结果作出鉴定。

4. 防水工程的质量缺陷分析

(1) 卫生间渗漏预防措施

1) 涂膜防水层空鼓、有气泡。主要是基层清理不干净，底胶涂刷不匀或者是由于找平层潮湿，含水率高于9%，涂刷之前未进行含水率试验，造成空鼓，严重者造成大面积起鼓包。因此，在涂刷防水层之前，必须将基层清理干净，并做含水率试验。

2) 地面面层做完后进行蓄水试验，有渗漏现象。涂膜防水层做完之后，必须进行第一次蓄水试验，如有渗漏现象，可根据具体渗漏部位进行修补，甚至全部返工，直到蓄水 2cm 高，观察24 小时不渗漏为止。地面面层做完之后，再进行第二遍蓄水试验，观察 24 小时无渗漏为最终合格，填写蓄水检查记录。

3）地面存水排水不畅。主要原因是在做地面垫层时，没有按设计要求找坡，找平层时也没有采取补救措施，造成因倒坡或凹凸不平而存水。因此，在做涂膜防水层之前，先检查基层坡度是否符合要求，与设计不符时，应进行处理后再做防水。

4）地面二次蓄水做完之后，已合格验收，但在竣工使用后，蹲坑处仍出现渗漏现象。主要是蹲坑排水口与污水承插接口处未连接严密，连接后未用建筑密封膏封密实，造成使用后渗漏。在卫生瓷活安装后，必须仔细检查各接口处是否符合要求，再进行下道工序。

5）卫生间倒泛水。基层施工时，均要弹出水平线，控制标高和泛水坡度，地漏标高要严格控制，施工完毕逐个进行泼水试验。

（2）墙面渗漏，窗台、窗框等处渗漏预防措施

1）墙面渗漏主要是穿墙洞处渗漏，操作时要把洞内的垃圾清净，洒水湿润，四壁涂刷掺胶的素水泥浆后进行补洞，补洞必须用微膨胀水泥砂浆或细石混凝土，并捣实。

2）窗台、窗框等处渗漏：施工中要严格把好进场材料关，不合格产品坚决不允许进入现场，进场后做好成品保护，防止变形。

3）窗台渗水：在施工中要严格控制好窗台的内外标高和坡度，窗台与窗的连接处要认真处理，规定细部做法。

4）在施工中要严格处理好窗口四壁，要用矿棉等轻质材料填充饱满，封口砂浆和打胶要保证质量，封闭要严密。

5. 吊顶工程的质量缺陷分析

吊顶工程的质量缺陷分析见表 10-1。

吊顶工程的质量缺陷分析 表10-1

序号	质量问题	原因分析	防治措施
1	吊顶不平	主要有两方面原因：一是放线时控制不好；二是龙骨未拉线调平。如龙骨未调平就急于安装条板，再进行调平时，由于其受力不均产生波浪形状。吊杆不牢，引起局部下沉，或由于吊杆本身固定不妥，自行松动或脱落。板自身变形，未加校正而安装，产生不平，或者在运输过程中挤压变形	对于吊顶四周的标高线，应准确地弹在墙面上，其误差不能超过0.5mm，如果跨度较大，还应在中间适当位置加设标高控制点，在一个断面要拉通线控制，且拉线时不能下垂。待龙骨调直、调平后方能安装铝板。应同设备配合考虑，不能直接悬吊的设备，应另设吊杆直接与结构固定。如果采用膨胀螺栓固定吊杆，应做好隐检记录
2	龙骨局部节点构造不合理	在留洞口、灯具口、通风口等处构造节点不合理	施工准备前按照相应的图册和规范确定方案，保证有利于构造要求
3	骨架吊固不牢	吊筋固定不牢；吊杆固定的螺母未拧紧；其他设备固定在吊杆上	吊筋固定在结构上要拧紧螺丝，并控制好标高；顶棚内的管线、设备等不得固定在吊杆或龙骨骨架上
4	罩面板分块间隙缝不直	—	施工时注意板块的规格，拉线找正，安装固定时保证平整对直

续表

序号	质量问题	原因分析	防治措施
5	压边条不严密、平直	—	施工时拉线控制，固定牢固
6	吊顶与设备衔接不妥	装饰工程与设备工种配合不当，导致施工安装完成后衔接不好。确定施工方案时，施工顺序不合理	在孔洞较大的情况下应先由设备确定具体参数，安装完衬板后进行吊顶施工

动画演示：金属板暗龙骨吊顶工程允许偏差与检验方法，扫一扫二维码10-6。

10-6 动画演示：金属板暗龙骨吊顶工程允许偏差与检验方法

6. 地面工程的质量缺陷分析

（1）地面砖地面质量缺陷分析见表 10-2。

地面砖地面质量缺陷分析　　表 10-2

序号	质量问题	原因分析	防治措施
1	地面标高错误：出现在厕所、走道与房间门口处	控制线不准；楼板标高超高；防水层超高；结合层砂浆过厚	施工时应对楼层标高和基层情况进行核查，并严格控制每道工序的施工厚度，防止超高
2	泛水过小或局部倒坡	地漏安装标高过高，基层不平有凹坑，造成局部存水；由于楼层标高错误，地面的坡度减小，50cm水平线不准	要求对50cm线认真检查，确保无误，水暖及土建施工人员均按水平线下返；地面做好贴拼、冲筋，保证坡向正确
3	地面铺贴不平，出现高低差	砖的厚度不一致，没有严格挑选，或砖不平劈棱窜角，或铺贴时没平铺或粘结层厚度不足，上人太早	要求事先选砖，铺贴时要拍实，铺好地面后封闭门口，在常温下用湿锯末养护48小时
4	地面面层及踢脚空鼓	基层清理不干净，浇水不透，早期脱水所致；上人过早，粘结砂浆未达到强度，受外力振动，影响粘结强度。踢脚的墙面基层清理不干净，尚有余灰没清刷干净，影响粘结，形成空鼓；粘结的砂浆量少，挤不到边角，造成空鼓	认真清理地面基层；注意控制上人操作的时间，加强养护。加强基层清理浇水，粘贴踢脚时做到满铺满挤
5	黑边	不足整砖时，不切半块砖铺贴而用砂浆补边，形成黑边，影响观感	按照美观质量要求补贴

（2）石材地面质量缺陷分析见表 10-3。

动画演示：大理石地面铺装质量允许偏差与检验方法，扫一扫二维码10-7。

（3）木地板地面质量缺陷分析见表 10-4。

10-7 动画演示：大理石地面铺装质量允许偏差与检验方法

石材地面质量缺陷分析　　　　　　　　　　　　　　　　　　　　　　　　表 10-3

序号	质量问题	原因分析	防治措施
1	板面与基层空鼓	混凝土垫层清理不干净或浇水湿润不够；刷素水泥浆不均匀或完成时间较长，过度风干造成找平层成为隔离层；石材未浸润等	施工操作时严格按照操作规程进行；基层必须清理干净；找平层砂浆用干硬性的，做到随铺随刷结合层；板块铺装前必须润湿
2	尽端出现大小头	铺砌时操作者未拉通线或者板块之间的缝隙控制不一致	要严格按施工程序拉通线并及时检查缝隙是否顺直，以避免出现大小头
3	接缝高低不平、缝子宽窄不匀	石材本身有厚薄、宽窄、角、翘曲等缺陷，预先未挑选；房间内水平标高不统一，铺砌时未拉通线等	石材铺装前必须进行挑选，凡是翘曲、拱背、宽窄不方正等全部挑出；随时用水平尺检查；室内的水平控制线要进行复查，符合设计要求的标高
4	门洞口处地板活动	—	注意门洞口处地面石材的铺装质量和铺装时间，保证与大面石材连续铺装
5	踢脚线出墙厚度不一致	—	安装踢脚线时必须拉通线，控制墙面抹灰等饰面的平整度、方正

木地板地面质量缺陷分析　　　　　　　　　　　　　　　　　　　　　　　表 10-4

序号	质量问题	原因分析	防治措施
1	行走时有响声	木材松动；绑扎处松动；毛地板、面板钉子少或钉得不牢；自检不严	严格控制木材的含水率，并在现场抽样检查，合格后才能使用；控制每层每块地板所钉钉子，数量不应少，钉合牢固；及时检查，发现后立即返工
2	接缝不严	操作不当；板材宽度尺寸误差过大	企口榫应平铺，在板面或板侧钉扒钉，用模块楔得缝隙一致再钉钉子；挑选合格的板材
3	表面不平	基层不平；垫木调得不平；地板条起拱	薄木地板的基层表面平整度应不大于2mm；龙骨顶面应采用仪器抄平，不平处用垫木调整；地板下的龙骨上应做通风小槽，保持木材干燥，保温隔声层填料必须干燥，以防木材受潮、膨胀、起拱
4	席纹地板不方正	施工控线方格不方正；钉铺时找方不严	施工控制线弹完，应复检方正度，必须达到合格标准；坚持每铺完一块都应规方拨正
5	地板戗茬	刨地板机走速太慢；刨地板机吃刀太深	刨地板机的走速要适中；刀片要吃浅，多刨几次

续表

序号	质量问题	原因分析	防治措施
6	地板局部翘鼓	受潮变形；毛地板拼缝太小或无缝；水管滴漏泡湿地板	龙骨开通风槽；保温隔声材料必须干燥；铺钉油纸隔潮，室内保持干燥；毛地板拼缝应留 2~3mm 缝隙；水管等打压应派专人看守
7	木踢脚与地面不垂直、表面不平、接茬有高低差	踢脚线翘曲；木砖埋设不牢或间距过大；踢脚线呈波浪形	踢脚线靠墙一面应设变形槽，槽深 3~5mm，槽宽 10mm；墙体预埋砖间距应不大于 400mm，加气混凝土或轻质墙，踢脚线部位应砌黏土砖墙；钉踢脚线前，木砖上应钉垫木，垫木应平整，并拉通线钉踢脚线

动画演示：竹木地板地面铺装质量允许偏差与检验方法，扫一扫二维码 10-8。

10-8 动画演示：竹木地板地面铺装质量允许偏差与检验方法

任务 10.3 编制质量控制文件及质量交底

1. 设置施工质量控制点的原则和方法

施工质量控制点的设置是施工质量计划的重要组成内容，施工质量控制点是施工质量控制的重点对象。

（1）质量控制点的设置原则

质量控制点应选择那些技术要求高、施工难度大、对工程质量影响大或是发生质量问题时危害大的对象进行设置。一般选择下列部位或环节作为质量控制点：

1）对工程质量形成过程产生直接影响的关键部位、工序、环节及隐蔽工程。

2）施工过程中的薄弱环节，或者质量不稳定的工序、部位或对象。

3）对下道工序有较大影响的上道工序。

4）采用新技术、新工艺、新材料的部位或环节。

5）施工质量无把握的、施工条件困难的或技术难度大的工序或环节。

6）用户反馈指出的和过去有过返工的不良工序。

（2）质量控制点的重点控制对象

质量控制点的选择要准确，还要根据对重要质量特性进行重点控制的要求，选择质量控制点的重点部位、重点工序和重点的质量因素作为质量控制点的控制对象，进行重点预控和监控，从而有效地控制和保证施工质量。

（3）质量控制点的管理

设定了质量控制点，质量控制的目标及工作重点就更加明晰。首先，要做好施工质量控制点的事前质量预控工作；其次，要向施工作业班组进行认真交底，使每一个控制点上的作业人员明白施工作业规程及质量检验评定标准，掌握施工操作要领；在施工过程中，相关技术管理和质量控制人员要在现场进行重点指导和检查验收。同时，还要做好施工质量控制点的动态设置和动态跟踪管理。

2.参与编制质量控制文件，实施质量交底

工程质量控制文件及技术交底是依据《建设工程质量管理条例》的规定和国家有关技术规范、标准和规定编制，要求各项目处按技术文件执行。工程质量实行终身责任制，各项目部必须配齐具有相关资格的管理人员，落实岗位责任制，施工中不准随意撤换和减少重要岗位人员，人员变更必须报公司有关领导批准，并及时报公司生产技术部和有关部门备案。

各项目部要对照国家有关法规、强制性标准、规范及有关规定，重点培训现场管理人员、施工班组长和操作工人；每个分部工程施工前要进行技术质量交底，让大家明白自己应尽的职责，应掌握的施工程序、施工技术和质量控制标准，以确保施工质量符合有关规定。

3.防火工程施工质量控制点确定

1）防火工程施工质量控制点

①进入施工现场的装修材料应完好，并应核查其燃烧性能或耐火极限、防火性能型式检验报告、合格证书等技术文件是否符合防火设计要求。

②装修材料进入施工现场后，在监理单位或建设单位监督下，由施工单位有关人员现场取样，并应由具有相应资质的检验单位见证取样检验。

③在装修施工过程中，装修材料应远离火源，并应指派专人负责施工现场的防火安全。

④在装修施工过程中，应对各装修部位的施工过程作详细记录。

⑤建筑工程内部装修不得影响消防设施的使用功能。在装修施工过程中，当确需变更防火设计时，应经原设计单位或具有相应资质的设计单位按有关规定进行。

⑥工程质量验收时，施工过程中的主控项目检验结果应全部合格，一般项目检验结果合格率应达到80%。

2）装修工程防火质量文件

①装饰材料燃烧性能等级的设计要求。

②装饰材料燃烧性能型式检验报告、进场验收记录和抽样检验报告。

③现场对装饰材料进行阻燃处理的施工记录及隐蔽工程验收记录。

④下列装饰材料应进行见证取样检验：B1、B2级纺织织物，现场对纺织物进行阻燃处理所使用的阻燃剂；B1级木质材料，现场进行阻燃处理所使用的阻燃剂及防火涂料；B1、B2级高分子合成材料、复合材料及其他材料，现场进行阻燃处理所使用的阻燃剂及防火涂料。

4.吊顶工程质量控制文件编制及质量交底

（1）一般规定

1）吊顶工程验收时应检查下列文件和记录：

①吊顶工程的施工图、设计说明及其他设计文件；

②材料的产品合格证书、性能检测报告、进场验收记录和复验报告；

③隐蔽工程验收记录；

④施工记录。

2）吊顶工程应对下列隐蔽工程项目进行验收：

①吊顶内管道、设备的安装及水管试压；

②木质龙骨防火、防腐处理；

③预埋件或拉结筋；

④吊杆安装；

⑤龙骨安装；

⑥填充材料的设置。

3）吊顶分项工程的检验批应按下列规定划分：同一品种的吊顶工程每 50 间（大面积房间和走廊按吊顶面积 30m² 为一间）应划分为一个检验批，不足 50 间也应划分为一个检验批。

4）吊顶工程质量检查数量应符合下列规定：每个检验批应至少抽查 10%，并不得少于 3 间；不足 3 间时，应全数检查。

（2）材料的关键要求

1）按设计要求可选用龙骨和配件及罩面板，材料品种、规格、质量应符合设计要求。

2）对人造板、胶粘剂的甲醛、苯含量进行复验，检测报告应符合国家环保规定要求。

3）吊顶工程中的预埋件、钢筋吊杆和型钢吊杆应进行防锈处理。

4）吊顶工程中的木质吊杆、木质龙骨和木饰面板必须进行防火处理，并应符合有关设计防火规范的规定。

5）吊顶内填充的吸声、保温材料的品种和铺设厚度应符合设计要求，并应有防散落措施。

6）吊顶龙骨存放在地面平整的室内，并应采取措施，防止龙骨变形、生锈。罩面板应按品种、规格分类存放于地面平整、干燥、通风处，并根据不同罩面板的性质，分别采取措施，防止受潮变形。

（3）技术关键要求

1）安装龙骨前，应按设计要求对房间净高、洞口标高和吊顶内管道、设备及其支架的标高进行交接检验。

2）弹线必须准确，经复验后方可进行下道工序。

3）安装龙骨应平直牢固，龙骨间距和起拱高度应在允许范围内。

4）安装饰面板前应完成吊顶内管道和设备的调试及验收。

5）吊杆距主龙骨端部距离不得大于 300mm，当大于 300mm 时，应增加吊杆；当吊杆长度大于 1.5m 时，应设置反支撑；当吊杆与设备相遇时，应调整并增设吊杆。

（4）质量关键要求

1）吊顶龙骨必须牢固、平整。利用吊杆或吊筋螺栓调整拱度，安装龙骨时应严格按放线的水平标准线和规方线组装周边骨架。受力节点应装钉严密、牢固，保证龙骨的整体刚度。龙骨的尺寸应符合设计要求，纵横拱度均匀，互相适应。吊顶龙骨严禁有硬弯，如有必须调直再进行固定。

2）吊顶面层必须平整。施工前应弹线，中间按平线起拱。长龙骨的接长应采用对接；相邻龙骨接头要错开，避免主龙骨向一边倾斜。龙骨安装完毕，应经检查合格后再安装饰面板。吊件必须安装牢固，严禁松动变形。龙骨分格的几何尺寸必须符合设计要求和饰面板块的模数。饰面板的品种、规格符合设计要求，外观质量必须符合材料质量要求。

3）大于 3kg 的重型灯具、电扇及其他重型设备严禁安装在吊顶工程的龙骨上。

4）饰面板上的灯具、感应器、喷淋头、风口箅子等设备的位置应合理、美观，与饰面板交接处应严密。

5）罩面板与墙、窗帘盒、灯具等交接处应严密，不得有漏缝现象。

任务拓展

课堂训练

1. 施工质量控制点的设置是_____的重要组成内容，施工质量控制点是施工质量控制的重点对象。

2. 参与编制质量控制文件，实施质量交底，工程质量控制文件及技术交底是依据_____和国家有关技术规范、标准和规定编制，要求各项目处按技术文件执行。

3. 工程质量实行_____，各项目部必须配齐具有相关资格的管理人员，落实岗位责任制，施工中不准随意撤换和减少重要岗位人员，人员变更必须报公司有关领导批准，并及时报公司生产技术部和有关部门备案。

4. 各项目部要对照国家有关法规、强制性标准、规范及有关规定，重点培训_____、_____和_____。

5. 每个_____施工前要进行技术质量交底，明确应尽的职责，应掌握的施工程序、施工技术和质量控制标准，以确保施工质量符合有关规定。

 扫一扫，查答案（二维码 10-9）

10-9 模块十 课堂训练答案及解析

学习思考

1. 装饰工程质量管理的特点有哪些？

2. 装饰工程施工质量控制内容有哪些？

3. 装饰工程施工质量问题如何分类？

知识链接

10-10 沿街外立面改造项目案例

企业案例：沿街外立面改造项目案例，扫一扫二维码 10-10。

11

模块十一
建筑装饰工程环境
与职业健康安全管理

任务目标

学习目标：了解文明施工要求；掌握施工现场环境保护、事故处理措施；熟悉施工安全危险源的分类；掌握施工安全危险源的识别；熟悉装饰工程施工安全事故分类；掌握编制安全技术措施的方法；掌握编制专项施工方案的方法；能够实施安全和环境交底。

素质目标：本模块内容将培养学生安全环保、绿色低碳的理念。通过对职业健康安全与环境技术的学习，使学生具备安全环保的理念，教师通过对职业健康安全的细致讲解，融入安全意识等课程思政要素。

11-1 教学课件：环境保护

11-2 教学课件：职业病

11-3 教学课件：职业安全与健康

任务导学

扫描二维码 11-1~ 二维码 11-4 观看教学课件和企业案例：环境保护、职业病、职业安全与健康、某装饰项目施工组织设计案例，观看后思考以下问题：

1. 施工现场环境保护措施有哪些？
2. 装饰工程施工安全危险源分类有哪些？
3. 如何编制职业健康安全与环境技术文件？

11-4 某装饰项目施工组织设计案例

任务实施

任务 11.1　文明施工与现场环境保护

文明施工是保持施工现场良好作业环境、卫生环境和工作程序的重要途径。主要包括规范施工现场的场容，保持作业环境整洁卫生；科学组织施工，使生产有序进行；减少施工对周围居民和环境的影响；遵守施工现场文明施工的规定和要求，保证职工的安全和身体健康。

1. 文明施工要求

1）装饰工程施工现场必须设置明显的施工标牌，表明工程项目名称、建设单位、设计单位、施工单位、项目经理和施工现场总代表人的姓名、开工和竣工日期、施工许可证批文号等。施工单位负责现场标牌保护工作。

2）装饰工程施工管理人员在施工现场应当佩戴证明其身份的证卡。

3）应当按照施工总平面布置图设置各项临时设施。现场堆放大宗材料、成品、半成品和机具设备不得侵占场内道路及安全防护等设施。

4）装饰工程施工现场用电线路、用电设施的安装和使用必须符合安装规范和安全操作规程，并按照施工组织设计进行架设，严禁任意拉线接电。施工现场必须有保证施工安全的夜间照明，以及潮湿场所的照明、手持照明灯具，必须采用符合安全要求的电压。

5）施工机械应当按照施工组织设计总平面图规定的位置和线路设置，不得任意侵占场内道路。施工机械进场必须经过安全检查，检查合格后方能使用。施工机械操作人员必须按有关规定持证上岗，禁止无证人员操作机械设备。

6）应保持施工现场道路畅通，排水系统处于良好的使用状态；保持场容场貌的整洁，随时清理建筑垃圾。在车辆、行人通行的地方施工，应当设置施工标志，并对沟、井、坎、穴进行封闭。

7）施工现场对各种安全设施和劳动保护器具必须定期检查和维护，及时消除隐患，保证其安全有效。

8）装饰工程施工现场必须设置各类必要的职工生活设施，并符合卫生、通风、照明要求。职工的膳食、饮水等应当符合卫生要求。

9）应当做好施工现场安全保卫工作，采取必要的防盗措施，在现场周边设立围护设施。

10）应当严格依照《中华人民共和国消防法》的规定，在施工现场建立和执行防火管理制度，设置符合消防要求的消防设施，并保持完好的备用状态。在容易发生火灾的地区施工，或存储、使用易燃易爆器材时，应当采取特殊的消防安全措施。

11）装饰工程施工现场发生的工程建设重大事故的处理，依照《中华人民共和国安全生产法》执行。

2．施工现场环境保护、事故处理

（1）施工现场环境保护措施

装饰工程施工现场环境保护是按照法律法规、各级主管部门和企业的要求，保护和改善作业现场环境，控制现场各种粉尘、废水、废气、固体废弃物、噪声、振动等对环境的污染和危害。

施工现场环境保护的措施如下：

1）妥善处理泥浆水，未经处理不得直接排入城市排水设施和河流；

2）除设有符合规定的装置外，不得在施工现场熔融沥青或焚烧油毡、油漆以及其他会产生有毒有害烟尘和恶臭气体的物质；

3）使用密封式的圈筒或者采取其他措施处理高空废弃物；

4）采取有效措施控制施工过程中的扬尘；

5）禁止将有害有毒废弃物用作土方回填；

6）对产生噪声、振动的施工机械，应采取外仓隔声材料降低声音分贝，避免夜间施工，减轻噪声扰民。

（2）施工现场环境事故处理

1）装饰工程施工现场空气污染物的处理

①严格控制施工现场和施工运输过程中的降尘和飘尘对周围大气的污染，可采用清扫、洒水、覆盖、密封等措施降低污染。

②严格控制有毒有害气体的产生和排放。如禁止随意燃烧油毡、橡胶、塑料、皮革、树叶、

枯草、各种包装物等废弃物品，尽量不使用有毒有害的涂料等化学物质。

③所有机动车尾气排放必须符合国家现行标准。

2）对施工现场污水的处理

①控制污水排放；

②改革工艺，减少污水生产；

③综合利用废水。

3）施工现场噪声污染的处理。噪声控制可从声源、传播途径、接收者防护等方面来考虑。

①声源控制。从声源上降低噪声，这是防止噪声污染的根本措施。包括尽量采用低噪声的设备和工艺代替高噪声的设备和工艺；在声源处安装消声器消声，严格控制人为噪声。

②传播途径控制。从传播途径上控制噪声的方法主要有吸声、隔声、消声、减振降噪等。

③接收者防护。让处于噪声环境下的人员使用耳塞、耳罩等防护用品，减少相关人员在噪声环境中的暴露时间，以减轻噪声对人体的危害。

4）固体废弃物的处理

①物理处理。包括压实浓缩、破碎、分选、脱水、干燥等。

②化学处理。包括氧化还原、中和、化学浸出等。

③生物处理。包括好氧处理、厌氧处理等。

④热处理。包括焚烧、热解、焙烧、烧结等。

⑤固化处理。包括水泥固化法、沥青固化法等。

⑥回收利用。包括回收利用和集中处理等资源化、减量化的方法。

⑦处置。包括土地填埋、焚烧、贮留池贮存等。

任务 11.2 装饰工程施工安全危险源分类与识别

1. 施工安全危险源的分类

（1）危险源的分类

1）高处坠落——凡在基准面 2m（含 2m）以上作业，建筑物四口五临边、攀登、悬空作业及雨天进行的高处作业，可能导致人身伤害的作业点和工作面。

2）物体打击——高空坠落及水平迸溅物体造成人身安全伤害的。

3）机械伤害——机械运转工作时，因机械意外故障或违规操作可能造成人身伤害或机械损害。

4）中毒——指化学危险品的气体、物体、粉尘、一氧化碳、电焊废气等，由呼吸、接触、误食及食用变质或含有有害药品的食物造成的中毒，并对人身造成伤害。

5）坍塌——脚手架、模板搭设与拆除，施工层超负荷堆放，机械使用不当造成的坍塌，对人身或机械造成伤害或损害。

6）触电——工程外侧边缘距外电高压线路未达到安全距离，用电设备未做接零或接地保护，保护设备性能失效，移动或照明使用高压，违规使用和操作电气设备，对人身造成伤害或损害。

7）火灾——电气设备线路安装不符合规定，绝缘性能达不到要求，未按规定明火作业，易燃易爆物品存放不符合要求，造成人身伤害及财产损失。

（2）危险源辨识

危险源辨识是识别危险源的存在并确定其特性的过程。施工现场识别方法有专家调查法、安全检查表法、现场调查法、工作任务分析法、危险与可操作性研究、事件树分析，故障树分析，其中现场调查法是主要采用的方法。

（3）危险源识别的注意事项

1）充分了解危险源的分布，从范围上应包括施工现场内受到影响的全部人员、活动与场所，以及受到影响的毗邻社区等，也包括相关方的人员、活动场所可能施加的影响。从内容上应涉及所有的伤害与影响，包括人为失误，物料与设备过期、老化、性能下降造成的问题。从状态上应考虑正常状态、异常状态、紧急状态。

2）弄清危险源伤害的方式或途径。

3）确认危险源伤害的范围。

4）要特别关注重大危险源，防止遗漏。

5）要对危险源保持高度警觉，持续进行动态识别。

6）充分发挥全体员工对危险源识别的作用，认真听取每个员工的意见和建议。必要时可询问设计单位、工程监理单位、专家和政府主管部门的意见。

2.施工安全危险源的识别

（1）基础施工作业中与人的不安全因素有关的危险源识别

1）造成事故的人的原因分析

①施工人员违反施工技术交底的有关规定，防水墙体未达到设计规定的强度就开始进行基础回填土的回填作业，且一次回填的高度较高，回填的土方相对集中。

②负责施工的管理人员，对施工现场的安全状况失察。

2）基础施工阶段施工安全控制要点

①挖土机械作业安全；

②边坡防护安全；

③降水设备与临时用电安全；

④防水施工时的防火、防毒；

⑤人工挖孔桩安全。

（2）基坑周边未采取安全防护措施与管理有关因素构成的危险源识别

1）危险源的识别

事发地段光线较暗，基坑周边未设置安全维护设施，临近基坑处也未设置安全警示标志。

2）安全防护措施

①安全警示牌设置应准确、安全、醒目、便利、协调、合理。

②安全警示牌设置应明显，且具有警示作用。

③施工现场附近的各类洞口与基槽等处除了设置防护设施与安全标志外，夜间还应设置红灯警示。

（3）对施工现场扣件不合格造成的危险源识别

1）事故隐患的处理

①项目经理应对存在隐患的安全设施、过程和行为进行控制，确保不合格设施不使用，不合格物资不放行，不合格过程不通过，组装完毕后应进行检查验收。

②项目经理应确定对事故隐患进行处理的人员，规定其职责权限。

③事故隐患处理方式包括停止使用、封存；指定专人进行整改以达到规定要求；进行返工，以达到规定要求；对有不安全行为的人员进行教育或处罚，对不安全生产的过程重组织。

④项目经理部安监部门必须要对存在隐患的安全设施、安全防护用品整改效果进行验证；对上级部门提出的重大事故隐患，应由项目经理部组织实施整改，由企业主管部门进行验证，并报上级检查部门备案。

2）为防止安全事故的发生，施工员应该：

①马上下达通知，停止有质量问题、存在隐患的扣件使用，停止脚手架的搭设。

②现场封存此批扣件，不得再用。

③有关负责人报告并送法定检测单位检验。

④扣件检验不合格，将所有扣件清出现场，追回已使用的扣件，并向有关负责人报告追查不合格产品的来源。

3）脚手架工程交底与验收的程序

①脚手架搭设前，应按照施工方案要求，结合施工现场作业条件和队伍情况，作详细的交底。

②脚手架搭设完毕，应有施工负责人组织，有关人员参加，按照施工方案和规范分段进行逐项检查和验收，确认符合要求后方可投入使用。

③对脚手架检查验收应按照相关规范要求进行，凡不符合规定的应立即进行整改，对检查结果和整改情况，应按实测数据进行记录，并由监测人员签字。

任务 11.3　装饰工程施工安全事故分类与处理

事故是指造成死亡、疾病、伤害、损坏或其他损失的事件。职业健康安全施工分为职业伤害和职业病两大类。职业伤害事故是指因生产过程及工作原因或与其相关的其他原因造成的伤亡事故。

1. 装饰工程施工安全事故分类

根据国家有关法规和标准，伤亡事故按以下方法分类。

（1）按安全事故伤害程度分类

1）轻伤，指损失 1 个工作日至 105 个工作日以下的失能伤害；

2）重伤，指损失工作日等于和超过 105 个工作日的失能伤害，重伤的损失工作日最多不超过

6000 工作日；

3）死亡，指损失工作日超过 6000 工作日，这是根据我国职工的平均退休年龄和平均工作日计算出来的。

（2）按安全事故类别分类

事故类别划分为 20 类，即物体打击、车辆伤害、机械伤害、起重伤害、触电、淹溺、灼烫、火灾、高处坠落、坍塌、冒顶片帮、透水、放炮、瓦斯爆炸、火药爆炸、锅炉爆炸、容器爆炸、其他爆炸、中毒和窒息、其他伤害。

（3）按安全事故受伤性质分类

受伤性质是指人体受伤的类型。实质上是从医学的角度给予创伤的具体名称，常见的有：电伤、挫伤、割伤、擦伤、刺伤、撕脱伤、扭伤、倒塌压埋伤、冲击伤等。

（4）按生产安全事故造成的人员伤亡或直接经济损失分类

根据中华人民共和国国务院令第 493 号《生产安全事故报告和调查处理条例》第三条规定：根据生产安全事故（以下简称事故）造成的人员伤亡或者直接经济损失，事故一般分为以下等级：

1）特别重大事故，是指造成 30 人以上死亡，或者 100 人以上重伤（包括急性工业中毒，下同），或者 1 亿元以上直接经济损失的事故；

2）重大事故，是指造成 10 人以上 30 人以下死亡，或者 50 人以上 100 人以下重伤，或者 5000 万元以上 1 亿元以下直接经济损失的事故；

3）较大事故，是指造成 3 人以上 10 人以下死亡，或者 10 人以上 50 人以下重伤，或者 1000 万元以上 5000 万元以下直接经济损失的事故；

4）一般事故，是指造成 3 人以下死亡，或者 10 人以下重伤，或者 1000 万元以下直接经济损失的事故。

2．装饰工程施工安全事故报告、调查处理

建筑装饰工程施工安全事故报告和调查处理原则是：在进行生产安全事故报告和调查处理时，要实事求是、尊重科学，既要及时、准确地查明事故原因，明确事故责任，使责任人受到追究；又要总结经验教训，落实整改和防范措施，防止类似事故再次发生。必须坚持"四不放过"的原则：事故原因不清楚不放过；事故责任和员工没有受到教育不放过；事故责任者没有处理不放过；没有制定防范措施不放过。

（1）事故报告

1）装饰工程施工单位事故报告。安全事故发生后，受伤者或最先发现事故的人员应立即用最快的传递手段，将发生事故的时间、地点、伤亡人数、事故原因等情况，向施工单位负责人报告；施工单位负责人接到报告后，应当在 1 小时内向事故发生地县级以上人民政府建设主管部门和有关部门报告。实行施工总承包的建设工程，由总承办单位负责上报事故。

2）建设主管部门事故报告。建设主管部门接到事故报告后，应当依照规定上报事故情况，并通知安全生产监督管理部门、公安机关、劳动保障行政主管部门、工会和人民检察院。

3）事故报告的内容。事故发生的时间、地点和工程项目、有关单位名称；事故的简要经过；

事故已经造成或者可能造成的伤亡人数（包括下落不明的人数）和初步估计的直接经济损失；事故的初步原因；事故发生后采取的措施及事故控制情况；事故报告单位或事故报告人员；其他应当报告的情况。

（2）事故调查

1）组织调查组

①施工单位项目经理应指定技术、安全、质量等部门的人员，会同企业工会、安全管理部门组成调查组，开展调查。

②建设主管部门应当按照有关人民政府的授权或委托组织事故调查组，对事故进行调查。

2）现场勘察

现场勘察的主要内容有：

①现场笔录。包括发生事故的时间、地点、气象等；现场勘察人员姓名、单位、职务；现场勘察起止时间、勘察过程；能量失散所造成的破坏情况、状态、程度等；设备损坏或异常情况及事故前后的位置；事故发生前劳动组合、现场人员的位置和行动；散落情况；重要物证的特征、位置及检验情况等。

②现场拍照。包括方位拍照，反映事故现场在周围环境中的位置；全面拍照，反映事故现场各部分之间的关系；中心拍照，反映事故现场中心情况；细目拍照，提示事故直接原因的痕迹物、致害物等；人体拍照，反映伤亡者主要受伤和造成死亡伤害部位。

③现场绘图。根据事故类别和规模以及调查工作的需要，应绘制下列示意图：建筑物平面图、剖面图；发生事故时人员位置及活动图；破坏物立体图或展开图；涉及范围图、设备或工、器具构造图等。

3）分析事故原因

①通过全面调查来查明事故经过，弄清造成事故的原因，包括人、物、生产管理和技术管理方面的问题，经过认真、客观、全面、细致、准确的分析，确定事故的性质和责任。

②分析事故原因时，应根据调查所确认的事实，从直接原因入手逐步深入到间接原因，通过对直接原因和间接原因的分析确定事故中的直接责任者和领导责任者，再根据其在事故发生过程中的作用确定主要责任者。

③事故性质类别分为责任事故、非责任事故、破坏性事故。

4）写出调查报告

事故调查报告的内容包括：

①事故发生的单位概况。

②事故发生经过和事故救援情况。

③事故造成的人员伤亡和直接经济损失。

④事故发生的原因和事故性质。

⑤事故责任认定和对事故责任者的处理建议。

⑥事故防范和整改措施。

任务 11.4 职业健康安全与环境技术文件编制与交底

1. 编制职业健康安全与环境技术文件

（1）编制安全技术措施

施工安全技术措施应具有超前性、针对性、可靠性和可操作性。一般工程安全技术措施的编制主要考虑：

1）进入施工现场的安全规定；

2）地面及深坑作业的防护；

3）高处及立体交叉作业的防护；

4）施工用电安全；

5）机械设备的安全使用；

6）为确保安全，采用新工艺、新材料、新技术和新结构时，制定有针对性的、行之有效的专门安全技术措施；

7）预防因自然灾害促成事故的措施；

8）防火防爆措施。

（2）编制专项施工方案

对于达到一定规模的危险性较大的分部分项工程应编制专项施工方案，并附安全验算结果。这些工程包括：基坑支护与降水工程；土方开挖工程；模板工程；起重吊装工程；脚手架工程；拆除、爆破工程；国务院建设行政主管部门或者其他有关部门规定的其他危险性较大的工程。

（3）分部分项工程安全技术交底

安全技术交底是安全制度的重要组成部分，建设工程施工前，施工员应当对工程项目的概况、危险部位和施工技术要求、作业安全注意事项、安全施工的技术要求向施工作业班组、作业人员做出详细说明，并由双方签字确认，以保证施工质量和安全生产。

2. 实施安全和环境交底

（1）安全技术交底的基本要求

1）项目经理部必须实行逐级安全技术交底制度，纵向延伸到班组全体作业人员。

2）技术交底必须具体、明确、针对性强。

3）技术交底的内容应针对分部分项工程施工中给作业人员带来的潜在危害和存在问题。

4）应优先采用新的安全技术措施。

5）应将工程概况、施工方法、施工程序、安全技术措施等向工长、班组长进行详细交底。

6）定期向由两个以上作业队和多工种进行交叉施工的作业队伍进行书面交底。

7）保持书面安全技术交底签字记录。

（2）安全技术交底的主要内容

本工程项目的施工作业特点和危险点；针对危险点的具体预防措施；应注意的安全事项；相应的安全操作规程和标准；发生事故后应及时采取的避难和急救措施。

3. 高处作业安全防范技术文件编制与交底

凡在坠落高度基准面 2m 以上（含 2m）、有可能坠落的高处进行的作业，称为高处作业。作业高度分为 2~5m、5~15m、15~30m 及 30m 以上 4 个区域。在建筑施工中，高处作业主要有临边作业、洞口作业及独立悬空作业等，进行高处作业必须做好必要的安全防护技术措施。

（1）高处作业一般安全措施

1）凡患高血压、心脏病、贫血病、癫痫病以及其他不适于高空作业的，不得从事高空作业。

2）高空作业要衣着灵便，禁止穿硬底和带钉易滑的鞋。

3）高空作业所用材料要堆放平稳，工具应随手放入工具袋（套）内。上下传递物件禁止抛掷。

4）梯子不得缺档，不得垫高使用。梯子横档间距以 30cm 为宜，使用时下端要采取防滑措施。单面梯与地面夹角以 60°~70° 为宜，禁止两人同时在梯子上作业。如需接长使用，应绑扎牢固。人字梯底脚要拉牢。

（2）临边作业

在施工现场，当工作面的边沿无围护设施时，使人与物有各种坠落可能的高处作业，属于临边作业。

1）临边作业的防护主要为设置防护栏杆，并有其他防护措施。设置防护栏杆为临边防护所采用的主要方式。栏杆由上、下两道横杆及栏杆构成。横杆离地高度，上杆 1.0~1.2m，下杆 0.5~0.6m，即位于中间。

2）防护栏杆的受力性能和力学计算。防护栏杆的整体构造，应使栏杆上杆能承受来自任何方向的 1000N 的外力。通常可从简按容许应力法计算其弯矩、受弯正应力；需要控制变形时，计算挠度。

3）用绿色密目式安全网全封闭。在建工程的外侧周边，如无脚手架，应用密目式安全网全封闭；如有外脚手架，在脚手架的外侧也要用密目式安全网全封闭。

4）装设安全防护门。

（3）洞口作业

建筑物或构筑物在施工过程中，常会出现各种预留洞口、通道口、上料口、楼梯口、电梯井口，在其附近工作，称为洞口作业。各种板与墙的孔口和洞口，各种预留洞口，桩孔上口，杯形、条形基础上口，电梯井口必须视具体情况，分别设置牢固的盖板、防护栏杆、密目式安全网或其他防护坠落的设施。防护栏杆的受力性能和力学计算与临边作业的防护栏杆相同。

1）预留洞口防护：洞口边长在 0.5m 以内时，楼板配筋不要切断，用木板覆盖洞口，盖板上喷绘"洞口防护盖板，禁止挪动"字样并固定。洞口边长在 1.5m 以下 0.5m 以上时，洞口四周用钢管搭设防护栏杆（立杆 4 根，水平杆 3 道），外钉踢脚线。洞口边长在 1.5m 以上时，在上述"边长在 1.5m 以下"洞口防护基础上，立杆两边对中各加密 1 道，并在洞口正上方加水平方向的拉结杆，洞口内张设安全平网 2 道。

2）楼梯口防护：沿踏步搭设临时防护栏杆，踏步预埋件固定，下设踢脚线。

3）电梯井口：设置定型化、工具化、标准化的防护门，门口设置 20cm 高挡脚板，在电梯井内搭设脚手架，每两层张设一道安全平网。

（4）悬空作业的安全防护

施工现场，在周边临空的状态下进行作业时，高度在 2m 及 2m 以上，属于悬空作业。悬空作业的法定定义是："在无立足点或无牢靠立足点的条件下，进行的高处作业"，因此悬空作业尚无立足点，必须适当建立牢靠的立足点，如搭设操作平台、脚手架或吊篮等，方可进行施工。

4. 常用施工机具安全防范技术文件编制与交底

（1）施工机具安全技术措施

1）施工机具的机座必须稳固，转动的危险部位要设防护装置。

2）操作机械前必须懂得相应机械的正确操作方法，不可盲目使用；工作前必须检查机械、仪表、工具等完好后方准使用。

3）机械保管人员必须持有公司的操作证上岗，必须严格操作规程，正确使用个人劳保用品。

4）手持电动工具的外壳、手柄、负荷线、插头、开关等必须完好无损，使用前须作空载检查，运转正常方可使用。机具和线路绝缘良好，电线不得与金属物绑在一起；各种电动工具必须按规定接零接地，并设置单一开关；遇有临时停电或停工休息时，必须拉闸上锁。

5）每一台电动机械的开关箱，装设过载负荷、短路、漏电保护装置外设隔离开关。施工机具不得带病运转和超负荷作业。发现不正常情况应停机检查，不得在运转中修理。

6）建立机械设备技术档案，每台设备的例行保养、定期保养及其他安全运行检测记录确保准确、及时、齐全；两班制人员均实行交接班制度。

（2）小型施工机具安全技术规程

1）保障条件。对于比较固定的施工机具设置专门的加工棚、场，如空气压缩机等，防止噪声、灰尘、杂屑不经控制排放。对于手持移动性的小型用电机械设备，如电锯、电钻、切割机、磨光机等，责成操作人员为环境、健康安全责任人，严格按作业要求操作。机械设备进场前，由机械管理员和用电作业人员对设备进行电气、机械、实用等各方面的检查，应达到：连接牢固、无松动、松垮，运转平稳，无异响、振动，运转机构密封良好，不漏油、漏气、漏水等。严禁带"病"设备进场。

2）作业要求。机械运行前，操作员根据要求佩戴防护用具，对周围有影响的设备，要进行围挡，防止伤人和进行成品保护。操作员在工作时注意设备工作状态，发现异常马上停机，并送机修人员修理，修理完好后方可使用。

3）检查维修。项目经理部对现场使用的机械设备，每月进行一次大检查，每周由机械管理员和电工、安全员进行一次检查，每天进行不固定的巡视抽查，发现有问题，必须停止使用，马上进行维修，待修理完毕，试运转无异常，方可使用。机修人员对现场机械设备每月进行一次维护、保养，确保设备处于良好的运转状态。

5. 施工用电安全防范技术文件编制与交底

（1）电工操作规程

1）电工必须执证上岗。

2）严格按国家有关的用电安全技术规范，采用 TN—S 系统，实行"三级配电，两级保护"，做到"一机、一闸、一漏"，保证用电安全。

3）机械、电气设备应按要求做保护接地或保护接零。

4）测试接地电阻不得大于 10Ω。

5）施工现场架空电缆，局部外露于地面的电线线路需用胶管保护，防止绝缘老化或受外力损坏。

6）建立用电安装、维护、拆除安全技术档案。

7）每周定期对配电箱、机械、电气设备进行安全检查，防止因线路老化等因素而引起的短路、起火等安全事故。

（2）安全用电措施

1）严格按《施工现场临时用电安全技术规范》JGJ 46—2005 的规定进行系统设置。

2）临时用电按要求设置接地保护，专用 PE 线必须严格与相线、工作零线区分，杜绝混用。

3）施工现场的末端配电箱均应配置漏电开关，确保三级配电二级保护，并且开关箱中实行"一机、一闸、一漏电"保护，开关箱内所设漏电开关漏电动作电流值不超过规定值。机械设备必须执行工作接地和重复接地的保护措施；必须采用"三相五线制"。

4）配电箱及开关箱中的电气装置必须完好，装设端正、牢固，不得拖地放置，各接头应接触良好，不准有过热现象，各配电箱、开关箱应标明回路号、用途名称、编号、负责人姓名，并配锁。

5）电焊机上要有防雨盖，下铺防潮垫；一、二次电源接头处要有防护装置，二次线使用接线柱，次电源线采用橡皮套电缆或穿塑料软管，水平长度距开关箱不大于 3m。

6）手持电动工具都必须安装灵敏有效的漏电保护装置。

（3）电气装置防火措施

1）合理配置、整改、更换各种保护电器，对电路和设备的过载、短路故障进行可靠的保护。

2）在电气装置和线路下方不准堆放易燃易爆和强腐蚀物，并避免使用火源。

3）在用电设备及电气设备较集中的场所配置一定数量干粉式 J1211 灭火器和用于灭火的绝缘工具，并禁止烟火，挂警示牌。

4）加强电气设备、线路、相间、相与地的绝缘，防止闪烁，以及接触电阻过大产生的高温、高热，并合理设置接地保护装置。

（4）施工用电使用与维护

1）所有配电箱均应标明其名称、用途，并作出分路标记。

2）所有配电箱门应配锁，同时箱内不得放置任何杂物，并应经常保持整洁。

3）所有配电箱、开关箱在使用过程中必须按以下顺序送电和停电（出现电气故障的紧急情况除外）。送电操作顺序为：总配电箱→分配电箱→开关箱→设备；停电操作顺序为：设备→开关箱→分配电箱→总配电箱。

4）施工现场停止作业 1h 以上时，应将动力开关箱断电、上锁。

5）所有线路的接线、配电箱、开关箱必须由专业人员负责，严禁任何人以任何方式私自用电。

6）对配电箱、开关箱进行检查、维护时，必须将其前一级相应的电源开关分闸断电，并悬挂停电标志牌，严禁带电作业。

7）所有配电箱、开关箱每 7 天检查一次，每月维修一次，并认真做好记录。

（5）夜间照明作业规程

1）根据现场临设分布图，以及施工作业位置和施工情况，按夜间施工及配套作业需要照明，确定光源位置、照度和亮度。

2）现场照明主要采用 36V 低压照明（固定式），局部配以移动式照明。

3）光源位置设在施工区域边角，照幅兼顾所包括的整个区域，在满足照度的基础上，尽量减少光源个数，节约用电。个别转角、死角与不易照明的区域单独加设光源。

4）照射方式采用俯照，不得平照和仰照。

5）夜间照明和地下室照明管理必须做到：根据季节不同，严格控制开关电源时间，但必须保证现场亮度，杜绝长明灯现象，对光源进行每周一次和不定期的抽查，防止灯罩或灯管的爆裂伤人，对故障光源及时维修，满足夜间和地下室照明要求。

6）夜间照明管理工作由专门电工负责。

任务拓展

课堂训练

1．对于达到一定规模的危险性较大的分部分项工程应编制＿＿＿＿＿＿＿＿＿，并附安全验算结果。

2．项目经理部必须实行＿＿＿＿＿＿制度，纵向延伸到班组全体作业人员。

3．技术交底的内容应针对＿＿＿＿＿＿施工中给作业人员带来的潜在危害和存在问题。

4．安全技术交底应将工程概况、施工方法、施工程序、安全技术措施等向＿＿＿＿＿＿＿＿＿、＿＿＿＿＿＿进行详细交底。

扫一扫，查答案（二维码 11-5）

11-5 模块十一　课堂训练答案及解析

学习思考

1．什么是文明施工？

2．施工安全危险源怎样分类？

3. 建筑装饰工程施工安全事故报告程序是什么？

11-6 某会所装饰装修设计项目案例

知识链接

企业案例：某会所装饰装修设计项目案例，扫一扫二维码 11-6。

12

模块十二
建筑装饰工程信息管理

任务目标

学习目标： 了解信息管理相关软件；能够进行施工日志填写与编制、施工记录填写与编制；能够利用专业软件输入、输出、汇编施工信息资料；利用专业软件加工处理施工信息资料。

素质目标： 本模块内容将培养学生科技创新、精益求精的工匠精神。通过对工程信息管理内容和专业软件的学习，使学生具备施工记录和工程技术资料编制能力，激发科技报国的家国情怀和使命担当，感受科技发展，激励同学们立鸿鹄志、做追梦人。

任务导学

扫描二维码 12-1~ 二维码 12-4 观看教学课件和企业案例：建筑工程资料编号方法、装饰工程项目竣工验收资料整理、单位工程质量竣工验收记录、某装饰项目施工组织设计案例，观看后思考以下问题：

1. 建筑装饰工程信息管理软件的特点有哪些？
2. 装饰工程项目竣工验收资料有哪些？
3. 如何编制建筑装饰工程技术资料？

12-1 教学课件：建筑工程资料编号方法

12-2 教学课件：装饰工程项目竣工验收资料整理

12-3 教学课件：单位工程质量竣工验收记录

12-4 某装饰项目施工组织设计案例

任务实施

任务 12.1　信息管理相关软件

管理软件是专业软件的一种，它通常是建立在某种工具软件平台上的，目的是完成特定的设计或管理任务。管理软件具有使用方便、智能化高、与专业工作结合紧密、有利于提高工作效率、可以有效地减轻劳动强度的优点，目前在建筑工程设计和管理领域广泛采用。管理软件在施工中的应用越来越广泛，与一般的应用软件相比功能较强大、专业性较强。针对企业的不同管理需求，可以将集团、企业、分子公司、项目部等多个层次的主体集中于一个协同的管理平台上，也可以应用于单项、多项目组合管理，达到两级管理、三级管理、多级管理多种模式。目前管理软件的种类较多，这些管理软件通常由专业公司研发、销售，也可以根据企业的特殊需求进行点对点的开发。各个品牌的管理软件的特长各有不同，但通常均可以完成系统管理、行政办公、查询、人力资源管理、财务管理、资源管理、招标投标管理、进度控制、质量控制、合同管理、安全管理等工作。

在建筑装饰工程资料管理过程中，主要利用软件进行填写、编制，而全国各省市应用的软件，主要是依据各地区工程资料管理规范而开发的配套软件，因此各省市所运用软件既有相同之处，又存在差异。例如，××软件中存储了全国31个省（自治区、直辖市）、14个行业资料库，包括土建、装饰、安装、监理、分户、智能建筑、市政、园林、消防、人防、节能、水利、电力、公路等。该软件全面更新了《建筑工程施工质量验收统一标准》GB 50300—2013。除此之外，软件总共更新升级了16个验收规范、10个分部、99个子分部、829张检验批表格，检验批表格增加了自动生成验收项目最小抽样数量、一般项目合格率自动生成、分部分项自动汇总等功能。

任务12.2　施工记录及工程技术资料编制

施工资料是建筑工程在工程施工过程中形成的资料。包括施工管理资料、施工技术资料、进度造价资料、施工物资资料、施工记录、施工试验记录及检测报告、施工质量验收记录、竣工验收资料八类。工程资料对于工程质量具有否决权，是工程建设及竣工验收的必备条件，是对工程进行检查、维护、管理、使用、改建、扩建的原始依据，是项目管理的一项重要工作，充分体现参建企业自身的综合管理水平。

施工记录是对施工全过程的真实记载。各施工工序应按施工技术标准进行质量控制，每道施工工序完成后，经施工单位自检符合规定后，才能进行下道工序施工。各专业工种之间的相关工序应进行交接检验，并应记录。包括通用记录，如隐蔽工程验收记录、施工检查记录、交接检查记录等；专用记录，如防水工程试水记录、幕墙注胶记录等。

1.施工日志填写与编制

施工日志填写要求施工日志是施工活动的原始记录，是编制施工文件、积累资料、追溯责任、总结经验的重要依据，由项目工程部具体负责。

（1）装饰工程施工单位应指定专人负责从工程开工起至完工止的逐日记录，保证施工日志的真实、连续和完整。工程施工期间若有间断，应在日志中加以说明，可以在停工的最后一天或复工第一天的日志中描述。

（2）施工日志应记录与工程施工有关的生产、技术、质量、安全、资源配置等情况以及施工过程中发生的重大、重要事件，如工程停／复工、分部／单位工程验收、分包工程验收、建设行政或上级主管部门大检查、工程创优检查、工程质量事故勘查与处理等情况。

（3）施工日志填写的主要内容如下：

1）每日的天气、温度情况；

2）当日生产情况：施工部位，施工内容，施工机具和材料的准备，人员进退场的情况，专业工程的开工、完工时间；

3）隐检、预检情况；

4）质量验收情况（参加单位、人员、部位、存在问题）；

163

5）原材料进场检查、验收情况（数量、外观、产地、标号、牌号、合格证份数和是否已通过复试等）；

6）施工方案、技术交底等技术文件下发与责任落实情况；

7）工程资料的交接（对象及主要内容）情况；

8）施工过程中发生的问题：设计文件与实际施工不符，变更施工方法，质量、安全、设备事故（或未遂事故）发生的原因、处理意见和处理方法；

9）外部会议或内部会议记录；

10）上级部门或单位领导到工地现场检查指导情况（对工程所作的决定或建议）；

11）其他特殊情况（停电、停水、停工、窝工等）。

（4）施工日志应由施工单位留存归档。

2. 施工记录填写与编制

（1）隐蔽工程检查记录基本规定

1）隐蔽工程检查记录所反映的部位、时间、检查要求等应与相应的施工日志、方案和交底、试验报告、检验批质量验收等反映的内容相一致。

2）隐检项目：应体现分项工程和施工工序名称，如地面防水层铺设、门预埋件安装、吊顶吊杆和龙骨安装、轻质隔墙龙骨安装等。

3）隐检部位：应体现楼层、轴线及建筑功能房间或区域名称，如楼梯间、公共走廊、会议室、餐厅。

4）隐检依据：施工图、图纸会审记录、设计变更或洽商记录、施工质量验收规范、施工组织设计、施工方案等。

5）隐检内容：应严格反映施工图的设计要求，按照施工质量验收规范的自检规定（如原材料复验、连接件试验、主要施工工艺做法等）。若文字不能表达清楚，宜采用详图或大样图表示。

6）检查意见和检查结论：由监理单位填写。应明确所有隐检内容是否全部符合要求。隐检中第一次验收未通过的，应注明质量问题和复查要求。未经检查或验收未通过的，不允许进行下道工序的施工。

7）复查结论：由监理填写，主要是针对第一次检查存在的问题进行复查，描述对质量问题的整改情况。

8）签字栏：本着谁施工、谁签认的原则，对于专业分包工程应体现专业分包单位名称，分包单位的各级责任人签认后再报请总包签认，总包签认后再报请监理签认，各方签认后生效。

9）隐蔽工程检查记录由项目专业工长填报，项目资料员按照不同的隐检项目分类汇总整理。施工单位、监理单位、建设单位各留存一份。

（2）吊顶隐蔽工程检查记录填写与编制

1）房间净高和基底处理：安装龙骨前应对房间净高和洞口标高进行检查，结果应符合设计要求，基层缺陷应处理完善。

2）预埋件和拉结筋设置：数量、位置、间距、防腐及防火处理、埋设方式、连接方式等应符合设计及规范要求。预埋件应进行防锈处理。

3）吊杆及龙骨安装：龙骨、吊杆、连接杆的材质、规格、安装间距、连接方式必须符合设计要求、规范规定及产品组合要求。吊杆距主龙骨端部距离不得大于 300mm，当吊杆长度大于 1.5m 时，应设置反支撑。金属吊杆、龙骨表面的防腐（锈）处理以及木质龙骨、木质吊杆的防火、防腐处理应符合设计要求和相关规范的规定。

4）填充材料的设置：品种、规格、铺设厚度、固定情况等应符合设计要求，并应有防散落措施。

5）吊顶内管道、设备安装及水管试压：管道、设备及其支架安装位置、标高、固定应符合设计要求，管道试压和设备调试应在安装饰面板前完成并验收合格，符合设计要求及有关规范、规程规定。

6）吊顶内可能形成结露的暖卫、消防、空调等管道的防结露措施应符合设计要求及有关规范、规程规定。

7）重型灯具、电扇及其他重型设备严禁安装在吊顶工程的龙骨上。

（3）细部隐蔽工程检查记录填写与编制

1）木制品的防潮、防腐、防火处理应符合设计要求。

2）预埋件（后置埋件）埋设及节点的连接，橱柜、护栏和扶手预埋件或后置埋件的数量、规格、位置、防锈处理以及护栏与预埋件的连接节点应符合设计要求。

3）橱柜内管道隔热、隔冷、防结露措施应符合设计要求。

（4）防水工程试水检查记录填写与编制

1）有防水要求的建筑地面工程的基层和面层，立管、套管、地漏处严禁渗漏，坡向正确、排水通畅，无积水，按有关规定做泼水、蓄水检查并做好记录。

2）蓄水时间不少于 24 小时；蓄水最浅水位不应低于 20mm；水落口及边缘封堵应严密，不得影响试水。

3）防水工程检查记录内容应包括工程名称、检查部位、检查日期、蓄水时间、蓄水深度、检查内容、管沟及门洞口的封堵、管道及地漏处有无渗漏等。检查结果由施工单位质量员或监理单位验收时填写。

4）防水工程试水检查记录由施工单位、监理单位、建设单位留存。

（5）交接检查记录填写与编制

1）建筑装饰工程在主体结构验收合格，并对基体或基层验收后施工，主要检查结构标高、轴线偏差，结构构件尺寸偏差，相邻楼地面标高，房间净高、门窗洞口标高及尺寸偏差，水、暖、电等管线、设备及其支架标高，填充墙体、抹灰工程质量等，确定是否具备进行装饰工程施工的条件。

2）交接检查记录由移交单位先行填报，其中表头和交接内容由移交单位填写；检查结果由接收单位填写。

3）复查意见：由见证单位填写。

4）见证单位意见：指见证单位综合移交和接收方意见形成的仲裁意见。

5）见证单位规定：当在总包管理范围内的分包单位之间移交时，见证单位为总包单位；当在总包单位和其他专业分包单位之间移交时，见证单位为建设（监理）单位。

6）移交单位、接收单位、见证单位三方共同签认后生效。

7）工程交接检查记录由施工单位和见证单位留存。

任务 12.3 工程信息资料的专业软件处理

1. 工程信息资料管理

工程信息资料管理是对信息资料的收集、整理、处理、储存、传递与应用等一系列工作的总称。管理信息资料的目的就是通过有组织的信息流通，使决策者能及时、准确地获得相应的信息。项目的信息资料包括项目经理部在项目管理过程中的各种数据、表格、图纸、文字、音像资料等，在项目实施过程中，应积累以下项目基本信息：

（1）公共信息

包括法规和部门规章制度，市场信息，自然条件信息。

（2）单位工程信息

包括工程概况信息，施工记录信息，施工技术资料信息，工程协调信息，过程进度计划及资源计划信息，成本信息，商务信息，质量检查信息，安全文明施工及行政管理信息，交工验收信息。

2. 工程项目文档管理

项目管理信息大部分是以文档资料的形式出现的，因此项目文档资料管理是日常信息管理工作的一项主要内容。它的主要工作包括文档资料传递流程的确定，文档资料登录和编码系统的建立，文档资料的收集积累、加工整理、检索保管、归档保存和提供利用服务等。工程项目文档资料包括各类有关文件，项目信件、设计图纸、合同书、会议纪要、各种报告、通知、记录、鉴证、单据、证明、书函等文字、数值、图表、图片以及音像资料。

3. 专业软件加工处理施工信息资料主要内容

（1）新建工程施工资料管理

选择工程资料管理软件，新建工程所有关于此工程的表格都会存放在此工程下面。点击"新建工程"，根据工程概况输入工程名称"××××工程资料表格"，确定后进入表格编制窗口。

1）表格选择区

《建筑工程资料管理规程》JGJ/T 185—2009中所有表格都在表格选择区中，资料类别包括：基建资料、监理资料、施工资料、竣工图、工程资料，档案封面和目录，市政、建筑工程施工质量验收系列规范标准表格文本，安全类表格，智能建筑类表格。

2）表格功能选择区

在表格功能选择区中，根据需要，完成新建表格、导入表格、复制表格、查找表格、删除表格、展开表格等操作。操作者根据各功能提示信息，完成相关工作。

（2）施工现场物资采购和使用等方面的管理

根据工程规模、进度计划、物资计划，制定物资采购计划，进行物资使用情况记载，采用专业软件进行统计分析，利用专业软件进行如下工作：

1）制定物资采购计划，根据审批的物资采购计划安排采购；

2）按规定的流程审批物资领用，随时掌握物资库存情况；

3）按库存情况及工程需要物资，微调物资采购计划，使物资满足施工方面的需要；

4）定期分析数据，减少浪费和库存的积压，向领导提供决策依据；

5）根据工程资料报备的需要，打印输出相关数据。

利用软件编制施工资料，关键是掌握施工资料的分类与编号，便于检索、查询。

4．利用专业软件录入、输出、汇编施工信息资料

（1）工程资料的组成

工程资料的组成如图 12-1 所示。

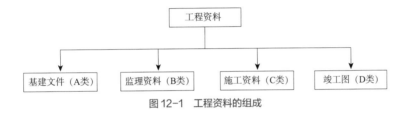

图 12-1　工程资料的组成

（2）施工资料分类

施工资料分类如图 12-2 所示。

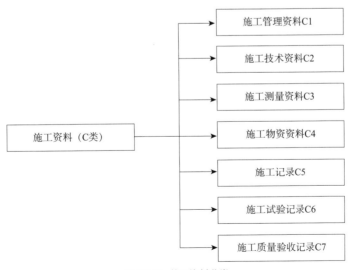

图 12-2　施工资料分类

（3）加工处理施工信息资料

1）单位工程施工资料组卷方法

①一般工程分九大分部、六个专业，每个专业再按照资料的类别以 C1~C7 顺序排列。每个专业根据资料数量的多少组成一卷或多卷，要遵循施工资料自然形成规律，保持资料内容之间的联系。

②每个专业施工单位提交给监理单位的报审、报验（B 类）资料以及监理单位向施工单位移交的资料，可组成一卷或多卷，案卷题名为〝质量控制报审报验监理管理资料〞。

2）专业工程施工资料组卷方法

①对于特大型、大型建筑工程通常由多个专业分包施工，为了分清各专业分包单位质量责任，保证专业施工资料的完整性，由专业分包独立施工的分部、子分部、分项工程应单独组卷，如幕墙工程、业主分包精装修工程等。

②由总包单位负责施工或总包合约管理范围内的装饰工程施工资料，经检查合格后，原则上应与结构资料合并，分类编制组卷。

③对于工程规模大、装饰标准高，由业主依法分包的精装修工程（不属于总包单位合约管理范围内的），为便于精装修工程质量验收和质量责任的追溯，在特殊情况下，可以单独分类、整理。如有多家精装修分包单位施工资料，可将同类资料合并整理，注意合并时应在备注栏注明装修施工单位名称。

④装饰施工单位向监理单位提交的报审、报验（B 类）资料和监理单位向施工单位移交的资料，可组成一卷或多卷，案卷题名为〝质量控制报审报验监理管理资料〞，排列于施工资料之后。装饰工程施工资料组卷框架如图 12-3 所示。

（4）加工处理施工信息资料注意事项

1）信息的输入

输入方法除手动输入外，能否用 Excel 等工具批量导入，能否采用条形码扫描输入；信息输入格式；继承性，减少输入量。

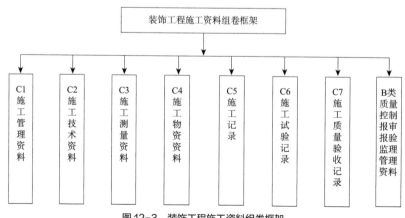

图12-3 装饰工程施工资料组卷框架

2）信息的输出

输出设备能否对常用打印设备兼容；能否用 Excel 等工具批量导出，供其他系统分析使用；信息输出格式，如工具用户需要可否自行定制输出格式。

3）信息的汇编

根据需要可对各类工程信息进行汇总统计；不同数据的关联性，源头数据变化，与之对应的其他数据都应自动更新。

任务拓展

课堂训练

1．在中文 Windows　XP 中，按下 Ctrl 键，单击要选的文件或文件夹，可选择＿＿＿＿＿和＿＿＿＿＿。

2．用户可以根据＿＿＿＿来辨别应用程序的类型以及其他属性。

3．针对企业的不同要求，可以将＿＿＿＿、＿＿＿＿、＿＿＿＿、＿＿＿＿等多个层次的主体集中于一个协同的管理平台上，也可以单项、多项目组合管理，达到＿＿＿＿、＿＿＿＿、＿＿＿＿多种模式。

扫一扫，查答案（二维码 12-5）

12-5 模块十二　课堂训练答案及解析

学习思考

1．怎样填写施工日志？
2．工程资料包括哪些内容？

12-6 某银行室内装饰设计项目案例

知识链接

企业案例：某银行室内装饰设计项目案例，扫一扫二维码 12-6。

附录　建筑装饰工程施工职业标准与规范

　　现行《建筑与市政工程施工现场专业人员职业标准》JGJ/T 250 节选

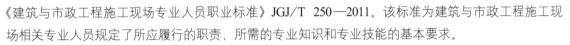

　　为了加强建筑与市政工程施工现场专业人员队伍建设，规范专业人员的职业能力评价，指导专业人员的使用与教育培训，促进科学施工，确保工程质量和安全生产，中华人民共和国住房和城乡建设部制定了《建筑与市政工程施工现场专业人员职业标准》JGJ/T 250—2011。该标准为建筑与市政工程施工现场相关专业人员规定了所应履行的职责，所需的专业知识和专业技能的基本要求。

　　建筑装饰工程施工职业标准与规范（节选）扫描二维码阅读。

参考文献

[1] 中华人民共和国住房和城乡建设部. 建筑与市政工程施工现场专业人员职业标准：JGJ／T 250—2011[S]. 北京：中国建筑工业出版社，2011.

[2] 教育部职业教育与成人教育司. 高等职业学校专业教学标准（试行）：土建大类，水利大类，环保、气象与安全大类 [M]. 北京：中央广播电视大学出版社，2012.

[3] 住房和城乡建设部人事司，中国建设教育协会. 建筑与市政工程施工现场专业人员考核评价大纲 [M]. 北京：中国建筑工业出版社，2013.

[4] 朱吉顶. 施工员岗位知识与专业技能（装饰方向）[M]. 2 版. 北京：中国建筑工业出版社，2017.

[5] 本书编委会. 施工员考核评价大纲及习题集（装饰方向）[M]. 2 版. 北京：中国建筑工业出版社，2017.

[6] 赵研，胡兴福. 施工员通用与基础知识（装饰方向）[M]. 2 版. 北京：中国建筑工业出版社，2017.

[7] 焦涛，白梅. 施工员岗位知识与专业技能（装饰方向）[M]. 郑州：黄河水利出版社，2013.

[8] 中华人民共和国住房和城乡建设部. 建筑装饰装修工程质量验收标准：GB 50210—2018[S]. 北京：中国建筑工业出版社，2018.

[9] 中华人民共和国住房和城乡建设部. 住宅室内装饰装修工程质量验收规范：JGJ／T 304—2013[S]. 北京：中国建筑工业出版社，2013.

[10] 中华人民共和国建设部. 住宅装饰装修工程施工规范：GB 50327—2001[S]. 北京：中国建筑工业出版社，2002.

[11] 中华人民共和国建设部. 建筑内部装修防火施工及验收规范：GB 50354—2005[S]. 北京：中国计划出版社，2005.

[12] 中华人民共和国住房和城乡建设部. 建筑工程资料管理规程：JGJ／T 185—2009[S]. 北京：中国建筑工业出版社，2009.

[13] 中华人民共和国住房和城乡建设部. 建设工程工程量清单计价规范：GB 50500—2013[S]. 北京：中国计划出版社，2013.

[14] 中华人民共和国住房和城乡建设部. 建设工程项目管理规范：GB／T 50326—2017[S]. 北京：中国建筑工业出版社，2017.

[15] 中华人民共和国住房和城乡建设部．建设工程文件归档规范（2019 年版）：GB/T 50328—2014[S]．北京：中国建筑工业出版社，2020．

[16] 中国建筑工程总公司．建筑装饰装修工程施工工艺标准 [M]．北京：中国建筑工业出版社，2003．

[17] 中国建筑股份有限公司．施工现场危险源辨识与风险评价实施指南 [M]．北京：中国建筑工业出版社，2008．

[18] 中国建筑第七工程局．建设工程施工技术标准 [M]．北京：中国建筑工业出版社，2007．

[19] 中国建筑装饰协会培训中心．建筑装饰装修工程质量与安全管理 [M]．2 版．北京：中国建筑工业出版社，2005．

[20] 张鹏，高海燕．楼地面装饰施工 [M]．北京：高等教育出版社，2019．

[21] 魏大平．顶棚装饰施工 [M]．北京：高等教育出版社，2019．

[22] 范国辉，张薇薇．轻质隔墙装饰施工 [M]．北京：高等教育出版社，2019．

[23] 董远林．建筑装饰构造与施工 [M]．北京：高等教育出版社，2017．

[24] 肖欣荣，王睿．建筑装饰制图 [M]．北京：高等教育出版社，2020．

[25] 王峰，马璇．楼梯及扶栏装饰施工 [M]．北京：高等教育出版社，2019．

[26] 王炼，张鹏．门窗制作与安装 [M]．北京：高等教育出版社，2019．

[27] 李晔．建筑装饰工程信息管理 [M]．北京：高等教育出版社，2019．

[28] 陆文莺．建筑装饰施工图绘制 [M]．北京：中国建筑工业出版社，2017．

[29] 沙玲．建筑装饰施工技术 [M]．北京：机械工业出版社，2009．

[30] 焦涛．门窗装饰工艺及施工技术 [M]．北京：高等教育出版社，2007．

[31] 冯美宇．建筑装饰施工组织与管理 [M]．2 版．武汉：武汉理工大学出版社，2011．

[32] 陆军，叶远航，杨一夫，等．建筑装饰工程施工手册 [M]．北京：中国建筑工业出版社，2020．

[33] 倪安葵，蓝建勋，孙友棣，等．建筑装饰装修施工手册 [M]．北京：中国建筑工业出版社，2017．

图书在版编目（CIP）数据

建筑装饰工程施工工作手册 / 张鹏主编；孙宏贵，李健副主编 .—北京：中国建筑工业出版社，2023.6

高等职业教育建筑与规划类专业"十四五"数字化新形态教材

ISBN 978-7-112-28885-4

Ⅰ.①建… Ⅱ.①张…②孙…③李… Ⅲ.①建筑装饰—工程施工—高等职业教育—教材 Ⅳ.①TU767

中国国家版本馆 CIP 数据核字（2023）第 121559 号

本书是中国特色高水平高职学校和专业建设计划"建筑装饰工程技术"高水平专业群立项建设的新形态工作手册式教材，以高等职业教育建筑装饰工程技术专业教学基本要求和《建筑与市政工程施工现场专业人员职业标准》JGJ/T 250—2011 为依据编写，为学生提供了基于工作过程的学习任务，满足学生自主学习与个性化学习的需要。

本书结合新形态工作手册式教材的编写要求，采用校企合作方式共同编写，编写团队以学校一线骨干教师为核心，以企业施工现场管理人员为主体，以建筑装饰工程施工核心工作任务为导向；在内容编写上按照国家最新的规范标准，通过"任务目标、任务导学、任务实施、任务拓展"等渐进式学习步骤，辅以图文、微课、动画、视频、企业案例讲解学习，全方位突出本书的实践性和应用性。

本书可作为建筑装饰工程技术、建筑室内设计等相关专业的教学用书，也可作为职业标准培训教材及从事装饰工程设计、施工、工程管理及监理等装饰技术人员的参考用书。

为更好地支持本课程的教学，我们向采用本书作为教材的教师提供教学课件，有需要者请与出版社联系。邮箱：jckj@cabp.com.cn，电话：(010) 58337285，建工书院：http://edu.cabplink.com。

责任编辑：杨 虹 周 觅
书籍设计：康 羽
责任校对：芦欣甜

高等职业教育建筑与规划类专业"十四五"数字化新形态教材
建筑装饰工程施工工作手册
主 编 张 鹏
副主编 孙宏贵 李 健
主 审 张九红 张福栋
*
中国建筑工业出版社出版、发行（北京海淀三里河路 9 号）
各地新华书店、建筑书店经销
北京雅盈中佳图文设计公司制版
北京盛通印刷股份有限公司印刷
*
开本：787 毫米 ×1092 毫米 1/16 印张：$11\frac{1}{2}$ 字数：282 千字
2024 年 1 月第一版 2024 年 1 月第一次印刷
定价：**32.00** 元（赠教师课件）
ISBN 978-7-112-28885-4
　　　　（41605）